情为水长

李文学 著

黄河水利出版社

·郑州·

图书在版编目（CIP）数据

情为水长 / 李文学著. ——郑州：黄河水利出版社，
2021. 12

ISBN 978‑7‑5509‑3121‑3

Ⅰ . ①情… Ⅱ . ①李… Ⅲ . ①黄河–整治–研究

Ⅳ. ①TV882.1

中国版本图书馆CIP数据核字（2021）第214009号

出 版 社：黄河水利出版社 网址：www.yrcp.com
　　　　　地址：河南省郑州市顺河路黄委会综合楼14层　邮编：450003
发行单位：黄河水利出版社
　　　　　发行部电话：0371 – 66026940、66020550、66028024、66022620（传真）
　　　　　E–mail：hhslcbs@126.com
承印单位：河南瑞之光印刷股份有限公司
开本：890 mm × 1 240 mm 1 / 32
印张：5.375 字数：165千字
版次：2021年12月第1版 印次：2021年12月第1次印刷

定价：50.00元

序

赵学儒

李文学先生用微信发来一部文稿，名为《情为水长》。

李文学：我想出版，看能不能给写个序？

赵学儒：支持出版！但我写序合适吗？

李文学：再合适不过了（表情：抱拳）。

赵学儒：那我就不推辞了！

我之所以如此毫不谦虚地答应为他写序，其实有我自己的小九九。一是写序的过程，也是学习、思考的过程。他是水利部黄河水利委员会的总工程师，对水的情感或更浓，对水的感悟或更深，对水的认识或更高，于是对我这个写水的作者来说或有更多的启迪。二是我在南水北调东线、中线"恋战"，相继采写、出版长篇报告文学《向人民报告》《圆梦南水北调》《龙腾中国》等四部曲之后，近期较多时间在研究南水北调西线的人和事。作为西线前期工作的直接参与者，他协调提供了很多有关这方面的"故事"，以示感谢。

其实，西线才是整个南水北调的"源头"。1952年，因为对黄河源的情况尚不清楚，黄河水利委员会派出一支队伍到河源查勘。新中国开始全面建设，王化云主任想到将来黄河水资源面临短缺，就安排查勘队顺便考察从通天河到黄河的调水线路。1952年8月，查勘队就出发了。1952年10月，毛泽东主席视察黄河，王化云就向毛主席汇报南水北调的设想，听罢，主席说："南方水多，北方水少，如有可能，借点水来是可以的。"

这是毛主席第一次提南水北调，从而拉开了南水北调工程的序幕。2002年12月27日，南水北调东线、中线同时开工。2013年，南水北调东线一期工程建成通水；2014年，南水北调中线一期工程建成通水。南水北调东、中线工程安全运行以来，充分发挥了经济社会和生态效益。然而，目前南水北调西线工程还在进一步论证过程中。2020年，即使是在新冠肺炎疫情严重的情况下，黄河水利委员会再次派出"西进"的查勘队。

他在文稿中写到，从1952年开始到现在，参与南水北调西线前期工作的人员已延续了几代，足迹更是遍及青藏高原大大小小上百条河流，在一百多个方案必选的基础上提出了现在的分三期实施的方案，为梦想到现实奠定了坚实基础。我手头的《西线备忘录》《西线大事记》《西线报道集》等资料中也有详细记载。

王化云等水利专家早就未雨绸缪。20世纪90年代中期以来，黄河实际来水量明显减少，1998年至2001年间黄河源头的黄河沿水文断面甚至发生了连续3年跨年度断流事件。这期间，正是母亲痛苦呻吟的那几年。黄河病了，母亲病了。1983年大学毕业来到黄河水利委员会的李文学，早已与黄河结下了"母子情缘"。从2003年开始，他带着赤子的忧心和伤情，带着天要降大任于斯人的自豪感，一次次考察黄河源头及南水北调西线调水区。

他是中华儿女，更是水利人，使命使然，责无旁贷。他们在黄河源碑前宣誓：为了黄河生生不息、万古奔流，为了黄河岁岁安澜、永利华夏，为了维持黄河健康生命，我们将竭尽全力，开拓创新，艰苦奋斗；他还是作家，出版过多本集子，不乏诗情散文妙笔，青藏高原的地理地貌、风情风物、人文人性，凝于笔端。然而，字里行间也充满忧虑、忧愁和忧伤。

在考察青海湖时，他曾遗憾地写到：由于水位持续下降，鸟岛已与陆地相连，已经算不上真正的岛屿。同时，由于人类的过度捕捞甚至破坏环境，青海湖的湟鱼存量减少，看到的飞禽种类和数量并不多。

龙羊峡水库是黄河上最大的水库，号称"龙头水库"。1986年蓄水运行后对黄河水量的年内分配影响较大，约20％的汛期水量被调节到了非汛期，造成黄河中下游汛期水量减少，非汛期水量增加，并引起黄河宁夏和内蒙古河段以及黄河下游河道冲淤演变规律变化。

黄河水量不足从源头起就已凸显，断流在源头也曾发生。黄河源头地区的玛多县号称千湖之县，原有大小湖泊4000多个，当时已不足2000个；原有的上千条河流目前仅剩几百条，有些还是季节性河流。

三江源地区是我国面积最大的天然湿地分布区，素有"中华水塔"之称，长江、黄河、澜沧江均发源于此，且三条大河的源头相距很近，山川秀丽、水草丰美，本来是野生动物的天堂，种群繁多，家园辽阔，是人类干扰了它们，甚至猎杀了它们，才变得稀有。

……

种种迹象表明，被喻为"中华水塔"的黄河源区供水能力下降，具有发动机作用的黄河源动力怠滞，处于河流心脏部位的黄河源区已显露病态。黄河源区的问题只是黄河生命问题的一个缩影，从黄河下游断流发出重病警示开始，黄河正面临着生死存亡的考验。

他记忆犹新，2002年的壤塘是国家级贫困县，人均年收入只有840元。靠山吃山，以前县财政收入主要来自木材，禁伐之后则主要靠牧业。站在县城的街道上，还能看到对面山坡上伐木后留下的成片树桩。没有了大树，山坡上光秃秃的，看起来令人遗憾。县领导希望南水北调西线工程能够尽快上马，以促进当地经济发展。

2004年1月，黄河水利委员会正式确立"维持黄河健康生命"的治河新理念。同年8月，委主任带队，他们再次考察黄河源区和南水北调西线工程调水区，充分认识到依赖河流动力、河流水源来维系的生态系统出现紊乱乃至崩溃，从源头开始的黄河生命出现严重的危机。他们深感维持黄河健康生命任重道远、势在必行。

他曾撰文指出，河源沙化、荒漠化意味着水源涵养能力下降。产流不足以及产流不均衡，意味着河流生命原动力的衰退。下游河道持续淤积抬高等于河流生命周期的黄牌警告。河道长时期长河段断流则宣告着河流生命的衰竭。因此，维持黄河健康生命已成为当务之急、历史重任。

在我读过的《黄河一掬》美文中，告别厚土几十年的著名作家余光中老人终回故里，听到的却是"断流一百多天，不会太壮观"，他无奈地写下了"不到黄河心不死，到了黄河又如何"的句子，感叹"黄河断流，就等于中国断奶"。

"黄河断流，就等于中国断奶"多么形象又深刻还让人失魂落魄的比喻。正是为了子子孙孙都能永远渴饮甘甜的黄河乳汁，在高寒缺氧、高山峡谷、冰天雪地、白天黑夜的路上，留下了他们查勘的足迹，成为他的这部文稿中值得铭记的故事。

西线工程项目设计总工程师谈英武，自1959年开始七上高原，1989年年近60岁还亲自率队查勘。一次高山查勘途中遭受冰雹雨雪袭击，下山到宿营地时双腿已被冻僵，被同事抱下马时还保持着骑马的姿势。1958年，刘海洪查勘金沙江时，乘坐的羊皮筏子翻入水中不幸遇难。26岁的大学生杨广成积劳成疾，把生命永远留在了青藏高原……

在之后的考察中，他听到看到河源区人民保护生态的努力已结果。2000年9月，三江源纪念碑揭牌，标志着作为国家战略的"三江源自然保护区"正式设立。2011年，当地政府汇报，说一期工程实施以来年均水量增加了100多亿立方米，水源涵养成效明显。一期结束后还要开展二期，这可能成为永久性项目。他欣然点赞。

告别青藏高原，他说很喜欢这里，也企盼着南水北调西线工程能够尽快上马，希望今生能够看到长江的滚滚清流翻越崇山峻岭进入黄河，缓解黄河流域上中游地区的水资源紧缺问题，促进黄河流域生态向好和西北地区经济社会健康发展。这，何不是每个南水北调建设者的心愿。

在黄河源头，他掬一捧清凉的泉水，细细品尝其甘甜的滋味。泉眼只有拳头那么大，水清澈冰凉，周边还结着薄冰。有谁能想到就这点涓涓细流能够汇成泱泱大河，告别雪山、草原，穿越峡谷、盆地，流淌万里，最终汇入大海。这，何不是每个黄河人的形象。

他们，坚持"节水优先、空间均衡、系统治理、两手发力"的治水思路，坚持"确有必要、生态安全、可以持续"的论证原则，谋大河之久远，为国运之恒昌，正在让黄河成为造福人民的幸福河！

是为序。

2021年初春

(作者系中国作家协会会员、中国报告文学学会会员，出版长篇报告文学南水北调四部曲、长篇小说《大禹治水》、散文集《若水》等作品)

目　录

1

走进黄河源

　　第一次看到黄河是1982年夏天，那时我还在武汉水利电力学院读本科，学校安排现场实习，先后在三门峡、郑州、开封学习了几天，期间参观了三门峡水库、黄河花园口和柳园口河段等地。1983年毕业后，我被分配到黄河水利委员会，从此与黄河结下了不解之缘。

　　三十多年来，因工作需要我基本跑遍了黄河中游和下游，尤其是下游。记得20世纪80年代，每年汛前汛后黄河水利委员会简称（黄委）都要组织黄河下游河道查勘，一个规模不小的队伍会乘船从郑州的花园口出发，一直看到山东东营的黄河口。昼行夜泊，吃住都在船上。白天站在甲板上，边行边看边议论，工程师会在河道蓝图上勾画

▲ 黄河下游河道（2020年）

▲ 黄河中游河道（2017年）

▲ 陕西子州岔巴沟（2017年）

河势变化、标注河防工程靠水情况。晚上或讨论问题，或听老同志讲述治黄故事。虽然条件有点艰苦，但很有意思，充实中享受着快乐。

后来条件改善，越野车取代了机动船，可以开车沿着黄河大堤查勘。乘车便捷了许多，效率也提高了许多，但看的不如以前那么仔细、真切、连贯。

到了20世纪90年代中期，视野从黄河下游移到了中游，我曾多次参加黄土高原和黄河干流中游河段的查勘，对中游的情况也渐渐熟悉。唯独没有到过上游的河源地区，始终感觉是种遗憾。

进入21世纪，机会终于来了。2004年9月、2011年7月和2013年9月，我有幸三次参加黄河源头及相关地区的考察，其中，一次到了两湖（扎陵湖、鄂陵湖），两次到了黄河正源——约古宗列曲。三次考察，收获颇丰，印象深刻，有些甚至是终生难忘。

2004年的河源考察从西宁出发，在成都结束，历时12天，行程约5000km，不仅考察了黄河源头区，也到了长江和澜沧江源头区，并查勘了规划的南水北调西线工程二期、三期的水源地——雅砻江和通天河。那是历次考察（包括前后我所参加的几次西线考察）中历时最长、最艰辛的一次，可谓跋山涉水，历尽艰险。本文将以时间为轴线，回忆三次考察的所见所闻、所感所获。

一、西宁出征

2004年8月30日，考察第一天。行程为西宁—湟源—海晏—刚察。

上午大家在青海省人民医院做了个简单的体检，午饭后出发，沿途经过湟源、海晏县，晚上住刚察县。

这是很多人的第一次河源行，从早上起来便有点兴奋，体检时个别人甚至还有点紧张，生怕血压高被中止行程。队伍中还确实有位同

▲ 出发（2004年）

志血压不太正常，但他坚持要跟队出发，看看途中适应情况再说。

体检后大家在青海省胜利宾馆集结，个个精神饱满、意气风发，一个简短的仪式后，车队鱼贯而出，开始了期盼中的青藏高原考察之旅。对多数人来说，这是一生中的第一次河源行，心中可能有很多期待和向往，同时也少不了对高原反应的担忧。

上午在湟源、海晏县活动，两个县都在湟水河（黄河的一级支流）流域，是青海的精华部分。湟源县是农业区与牧业区、黄土高原与青藏高原、汉文化与藏文化的结合部，风土人情有多样化的特点。与湟源县相比，海晏县和刚察县的牧业比重更大。海晏县是湟水河的发源地，地处祁连山系大通山脉的西南麓，大部分地区海拔在3000m以上，境内的西海镇则是我国建设的第一个核武器试验基地，老一辈科学家曾在这里研制出我国的第一颗原子弹和第一颗氢弹，故称"原子城"。1995年基地退役后，西海镇成为海北州州府所在地。

　　到西海镇一定会参观"原子城"、参观试验掩体，了解我国核武器早期研制的艰难历程和老一辈科学家献身祖国的英雄事迹。老一辈无产阶级革命家和新中国第一代科学家那种独立自主、自力更生、自强不息、无私奉献的创业精神永远令人敬仰，展室里毛泽东主席的手稿影印件更是令人驻足深思。1958年6月，毛泽东主席指出："原子弹就那么大的东西，没有那东西，人家就说你不算数。那么好吧，我们就搞一点吧，搞一点原子弹、氢弹、洲际导弹，我看有10年功夫完全可能。"

　　1964年10月16日下午3时，我国研制的第一颗原子弹在罗布泊爆炸成功，成为世界上第五个有核国，比老人家预计的时间提前了将近4年；三年之后的1967年6月17日，我国研制的第一个氢弹爆破成功。研制"两弹一星"是保卫国家安全、维护世界和平的重大战略决策，充分体现了老一辈无产阶级革命家的高瞻远瞩，而由研制"两弹一星"孕育出的自力更生、奋发图强、无私奉献、以身许国的精神永远令后人敬仰。小小原子城，振国威、长志气！

　　这是本次考察的第一个收获，下午将进入刚察县境内，美丽的青海湖已近在咫尺。

　　午饭后离开西海镇前往刚察县。西海镇到刚察县的道路穿行于山前草原上，地势相对平坦，东北部是绵延不断的山脉，西南部则是湟水河流域的丰美草原——金银滩，过分水岭则为青海湖流域。西海镇距刚察县政府所在地沙柳河镇约110km，一路上景色宜人。

　　刚察县位于海北州西北部、青海湖盆地北部、祁连山中段，属于河西走廊柴达木盆地的一部分，因环海藏族首领部落"刚察族"而得名。刚察县是青海湖的重要水源地，入湖的主要河流包括布哈河、沙柳河、吉尔孟河、巴哈乌兰河和哈尔盖河。

　　晚上住沙柳河镇，规模不大，人口很少，地处青海湖的最北端。

▲ 金银滩（2011年）

气候具有明显的高原大陆性气候特征，昼夜温差大，年平均气温低。晚饭后到街上转了一圈，虽然在盛夏的8月末，傍晚却很冷，特别是站在乌云密布的旷野里，寒风蛰脸，有北方冬天的感觉，需要穿上羽绒服。

离开西宁的第一夜，大家最关心的事自然是晚上能否睡好觉。其实，刚察县城海拔只有3200m，高原反应并不强烈，多数人可能没有太明显的感觉。

二、美丽青海湖

一夜适应，大家精神饱满，轻松地开启了第二天的行程。当天考察的重点是青海湖、日月山和龙羊峡水库，晚上住共和县。

美丽富饶的青海湖是我国最大的内陆湖泊，也是我国最大的微咸水湖，湖水清澈碧蓝，湖面广袤如海，是大自然赐予青藏高原的瑰丽珍宝，也是青海省名称的由来和象征。湖区海拔3190余m，水面4300多km^2，水体约770亿m^3。青海湖古称西海，藏语称"错鄂博"（"错温博"），意即西海；蒙语称"库库诺尔"，意思是"青蓝色的海"。虽然语言不同，大家要表达的意思相近。

湖的东面是日月山，西面是橡皮山，南面是青海南山，北面是大通山，山峰海拔在3600m至5000m之间。站在湖边举目环顾，大山犹如四幅凸起的天然屏障，将青海湖紧紧环抱。从山下到湖畔则是广袤平坦、苍茫无际的草原，而烟波浩渺、碧波连天的青海湖，就像一个巨大的翡翠玉盘，镶嵌在高山、草原之间，景色壮美绮丽。

我对青海湖最早的了解源自于一部介绍鸟岛的纪录片，大概是20世纪70年代看的。印象里，湖中间有个小岛，岛上鸟类种群多、数量

▼ 青海湖（2011年）

大。除了鸟岛，青海湖还以盛产湟鱼而闻名。

　　早饭后从刚察县城出发，沿湖西行前往鸟岛。早上的天空乌云密布、寒风阵阵，感觉有点压抑、有点寒冷。期待中的碧水、蓝天、白云没有出现，心里多少有些失望。更遗憾的是，由于近年来青海湖水位持续下降（据说与多年平均水位相比下降了约4m），鸟岛已与陆地相连，已经算不上真正的岛屿。同时，由于人类的过度捕捞，青海湖的湟鱼存量大大减少，飞禽赖以生存的环境和条件遭到破坏，看到的飞禽种类和数量并不多。

　　徒步上岛倒是很方便，但惊奇不在，遗憾顿生。大家在岛上听取了情况介绍，考察了几个点，看到了一些鸟，但种群不多，数量也不大。水量还能恢复吗？水位还会回升吗？湟鱼还会增产吗？鸟儿还会回来吗？带着这些疑问，大家离开鸟岛，继续沿湖向东南方向行驶，前往下一站——日月山。

▲ 青海湖鸟岛（2004年）

环湖公路路面很好，车辆不多。山和湖之间是美丽的草原，羊群、牦牛群、毡房会不时地进入视野。上午10时许，天空渐渐晴朗，乌云变得稀薄，能见度逐渐升高，景色也随之鲜明起来。

青海湖是个旅游胜地，也是国际自行车拉力赛的赛场，2004年以前曾在这里举办过两次环湖比赛。据说，以后每年都要举办一次。由此想到，游人多了，对环境的保护意识和保护措施也得跟上，否则会留下新的更多的遗憾。

下一站是日月山。日月山海拔4877m，垭口高程3500多m，当年文成公主进藏时曾经过这里。日月山是青海东部内陆河与外流河的分水岭，也是青海东部牧区与农区的自然分界线。这里山峦起伏，峰岭高耸，气候寒冷，山麓两边景色迥然不同。山麓西边是草原，广袤苍茫，水草丰美，牛羊成群；东边则是农区，盛产油菜和青稞。

日月山不仅在地理分界上有重要意义，而且在历史进程中有过重要担当，也给我们留下了汉藏联姻的故事和传说，过而不睹其风采无疑会留下遗憾。

三、沧桑日月山

日月山形势险峻，战略位置重要，早在汉代已成为我国"丝绸辅道"的一大驿站。唐代时，日月山更是唐蕃古道的必经之路。据史料记载，唐太宗为了汉藏人民世代和好，将自己的宗室女儿文成公主许配给了藏王松赞干布。文成公主一行由江夏王李道宗、藏相禄东赞陪同，从京都长安迤逦西行，来到日月山。当公主站在山顶举目环顾时，发现山麓两边竟是截然不同的两个世界，不禁心潮起伏，愁思万千，想到此去山高路远、环境险恶便潸然泪下。

唐太宗听说公主怀乡思亲不肯西进，甚为着急。为替女儿解愁，皇上特意命人铸造了一面日月如意宝镜送上山来，并传旨如果公主思念家乡，打开宝镜便可看到故里山河、父母宗亲。护送的吐蕃大相怕公主从宝镜里看到亲人后思故不进，便暗中将日月宝镜换成了石镜。当公主拿起宝镜照看时，怎么也看不到长安城里的父母，以为父皇薄情而有意骗她，一气之下将石镜抛在一边，毅然西进。后来人们便把这里称作日月山。

　　这样有历史意义和自然特征的地方当然要上去看看。车子直接开到垭口，大家在垭口逗留了一会儿，试图寻觅历史留下的痕迹，对比山麓东西两侧的不同景色，体验当年文成公主的惆怅，并留照纪念，与历史名胜一起变作自己珍贵的回忆。

　　下山途中经过倒淌河，又是一个有典故的地方。倒淌河是青海湖水系中最小的一支，发源于日月山西麓的察汗草原，自东向西流入青

▲ 日月山（2004年）

海湖，全长40多km。因与这里的其他河流流向相反，故名倒淌河。

　　关于倒淌河，当地也流传着一个美丽动人的传说：当年文成公主从日月山山顶弃轿乘马、下山西进，来到山下时禁不住回头遥望，视线却被高高的山岭所阻，公主想到再也望不见家乡的一切，不禁悲痛万分。然而，为了汉藏人民的友好大业，公主只好挥泪西进，泪水汇成的小河也随着公主向西流去……

　　所以，人们都说倒淌河是由公主的眼泪汇成的。其实，倒淌河的形成与青藏高原的隆起有关。据科学考察，大约在13万年以前，青海湖还是一个外泄湖，湖水由西向东注入黄河。后来，随着地壳的强烈变化，日月山平地凸起，堵住了青海湖的出口，使其变成了闭塞湖，而倒淌河的河水受阻后被迫倒流入湖。

　　离开倒淌河后前往龙羊峡水库。日月山到龙羊峡水库需要翻越青

▲ 回眸青海湖（2011年）

▲ 龙羊峡水库（2017年）

海湖与黄河的分水岭。车子盘山缓缓而上，透过车窗向后看，景色特别美。山势巍巍，湖光粼粼，草原广袤，帐篷点点，像一幅巨大的油画在天地间铺开。

翻过分水岭进入黄河流域，地形地貌陡变，看到的不再是美丽的草原，而是黄土裸露的崇山峻岭，植被很差，侵蚀严重，而龙羊峡水库就修建在这样的河谷里。

龙羊峡水库距黄河源头1684km，控制流域面积13.1万km²，正常蓄水位2600m，总库容247亿m³，装机容量128万kW，年均发电量59.4亿kWh。水库于1976年开工，1979年截流，1986年10月15日下闸蓄水。

龙羊峡水库是黄河上库容最大的水库，号称"龙头水库"。1986年蓄水运行后对黄河水量的年内分配影响较大，约20%的汛期水量被调节到了非汛期，造成黄河中下游汛期水量减少，非汛期水量增加，并引起黄河宁夏和内蒙古河段以及黄河下游河道冲淤演变规律的变化。小浪底水库建成后，龙羊峡水库对黄河下游的直接影响已基本消除，而两座水库联合调度对黄河干流年内甚至年际间水资源优化配置起到了支撑性作用，1999年黄河下游断流的终止便与两库的联合调度密不可分。

晚上住共和县。共和县古为羌地，现属青海省海南藏族自治州，有藏、汉、回、土等23个民族，其中藏族约占总人口的一半。

奔波一天，有点疲劳，加之县城所在地海拔不足3000m，晚上休息的很好。

▲ 龙羊峡水电站（2017年）

四、艰苦水文站

考察第三天。行程为共和县—兴海县—玛多县。

离开共和县，海拔逐渐升高。考察队早上8时从共和县出发，行车两个多小时到达兴海县。考察的第一站是唐乃亥水文站。

唐乃亥水文站设立于1955年，位于兴海县唐乃亥乡，是黄河干流国家重要水文站。站址距兴海县县城10余km，所处的唐乃亥乡就在黄河边上，海拔比县城可能低200多m。与县城周围的草原相比，这里算得上一个小盆地，气温比县城要高上几摄氏度，湿度也比较大，树木长得特别茂盛。

水文站只有3位正式职工，生活条件看上去还可以，站部在村子里，站房后面有自己的菜地、果园。站部距水文站断面不到1000m，黄河在这里切割很深，河岸很稳定。

▲ 唐乃亥水文站断面（董保华 摄）

中午县里招待。在县城附近的草坝子上搭了个帐篷。地方选的不错，周边地势开阔、草原平坦，不远处就是黄河支流大河坝河。坝子对面是群山，其中有一座石山显得很险峻，藏民称之为神山。据说山

▲ 黄河支流大河坝河（董保华　摄）

上有原始森林和猴群，还有一座很有名气的寺庙，长年有僧人在里面修行。这一带有原始森林似乎有点稀罕。

已进入牧区，食物主要为牛羊肉。藏民吃的牛羊肉煮的都很轻

▲ 午餐（2004年）

（可能与高原气压低不容易煮熟有关），很难嚼烂，需要用刀子割着
吃。我囫囵吞枣地吃了一些。除了牛羊肉，还有血肠、奶茶、酸奶
等。血肠煮的也很轻，没有完全凝固，如果不怕腥膻，绝对是好东
西。酸奶是牧民们新鲜制作的，放点白糖，酸酸的，甜甜的，很好
吃。我最喜欢喝奶茶，咸香味，既解渴，又挡饥，喝上几碗半天都
不会有饥饿感。之前到南水北调西线考察时得出的经验，像这样的
肉不能多吃，否则胃会不舒服。有位同事可能不知道这些，盛情难
却，牛羊肉吃的有点多，下午很难受，以至于接下来的两天顿顿只
吃方便面。

　　午饭后驱车前往玛多县，途经花石峡时遭遇暴雨冰雹，强度很
大。也就十多分钟的时间，地面已被冰雹所覆盖，白花花一层，车子
行走在上面会发出咯吱声，感觉有点滑。这种气候在高原不稀奇，有
时甚至会一天经历四季。

▲ 高原草甸（董保华　摄）

下午5时多到达玛多县城，直奔玛多水文站测验断面考察。玛多水文站是万里黄河第一站，站址海拔4200余m，寒冷缺氧、环境严酷，其艰苦程度在整个黄河流域首屈一指。能在这样的环境下坚守很不容易，而能够一坚守就是将近30年的只有站长谢会贵一人。

1977年至1979年期间，谢会贵曾参加过南水北调西线工程的现场查勘工作，路上有人给我做过一点介绍，对他的情况算是大概知道一些，但真正全面了解他的事迹还是2006年之后。

谢会贵，1977年毕业于黄河水利学校，毕业前夕向学校递交了决心书，主动请战到最艰苦、最需要的地方工作。毕业时他如愿以偿，被分配到玛多水文站。对于像玛多这样艰苦的地方，同学们和同行们都没有期望他能够坚持多久，但他信守了青春的诺言，一干就是将近30年。2006年人民治黄60周年之际，谢会贵被授予黄河劳动模范，同年12月12日，中央电视台新闻联播《劳动者之歌》栏目介绍了"黄河看水人谢会贵"的感人事迹，在全国尤其是水利行业引起轰动。2007年，谢会贵获得全国"五一劳动奖章"，成为全国劳动者的典范。2007年7月，水利部曾组织谢会贵、崔政权（全国勘测大师，我曾陪同他考察过南水北调西线）同志先进事迹报告团到全国巡回演讲，我有幸两次聆听报告，才对他的过往有了全面的了解。当然这些都是后话，2004年考察时对他并没有特别深的印象。

看完水文断面后又考察了水文站，站部在玛多县城，一个平房小院，几位值守职工。这是黄河流域距离大城市最远、条件最为艰苦的水文站，领导很重视，不仅了解情况、进行慰问，还发表了热情洋溢的讲话，大家为他们的事迹所感动，为领导的关心和鼓励所感动。

晚上住玛多县城。玛多县属青海省果洛藏族自治州，县城所在地距西宁市近500km，距州府驻地差不多300km，全县面积2.5万多km^2。

▲ 黄河沿玛多水文断面（董保华 摄）

人口中的85%为藏族，另外还有汉、回、撒拉等民族。据曾经到过玛多的同事讲，在玛多过夜非常难受，寒冷、缺氧是主要问题，很多人夜间会头痛难忍、夜不能寐。

这是具有挑战性的一夜，大家心里多多少少有点担忧。

五、神秘"两湖"

虽说在刚察县和共和县已经适应了两个晚上，但玛多的海拔又上升了约1000m，含氧量又降低了10%，只相当于平原地区的60%。去年考察南水北调西线时我曾到过青藏高原，在海拔3500m以上地区住过，心里有底，并不担心。但对于第一次上高原的同志来说，心里肯定没那么放松。

晚上住平房，一个房间住三四个人。里外屋都生有一个很大的煤火炉子，挺暖和的。平房外有个大院子，旱厕建在院子里的一个角落，没有门，四处漏风。入睡前大家都特意去了一趟厕所，免得晚上起夜。

1999年10月立"黄河源"碑时也在这里住过一夜，夜间有位同志上厕所还遇到了点"险情"，成为了"笑谈"和教训。据说他刚进厕所，不知从哪里窜出一只藏獒，吓的他一屁股蹲在了地上。牢记这个教训，晚上我们谁也没有敢起夜。

可能是途中有了西宁、刚察和共和县三个晚上的适应，同志们都感觉良好，没人觉得特别难受，这无疑为后面的行程增添了信心。

一觉醒来已是考察的第四天，距离黄河源头越来越近，大家期待着能够尽快目睹扎陵湖、鄂陵湖、星宿海的魅力。

▲ 扎陵湖（董保华　摄）

▲ 鄂陵湖（董保华　摄）

　　早上从玛多县县城出发，上午考察扎陵湖、鄂陵湖。两湖位于黄河源区的青海省玛多县境内，素有"黄河源头姊妹湖"之称。鄂陵湖在东，扎陵湖在西，两湖中间有措日尕则山相隔。

　　据资料，扎陵湖湖面呈东西长条状，面积526km²，平均水深8.6m。由于水浅的地方颜色较淡，因而也被称为"白色的长湖"。黄河从扎陵湖流出后，经过一条长约20km、宽300多m的峡谷进入鄂陵湖。鄂陵湖南北宽而东西窄，面积为618km²，平均水深17.6m，湖水清澈湛蓝，云彩、山岭倒映湖中，非常静谧，因此也被称作"蓝色的长湖"。

　　1988年，玛多县人民政府在措日尕则山山顶立了一座纯铜铸造的牛头样纪念碑，俗称"牛头碑"。碑上有已故十世班禅大师和胡耀邦总书记题写的藏汉文"黄河源头"。纪念碑碑高3m、座高2m，以其粗犷、坚韧、有力的牛头造型，彰显我们伟大而坚强的民族精神。站在碑前，人人都会肃然起敬。

▲ 拥抱"两湖"（2004年）

▲ 牛头碑（2004年）

从措日尕则山山顶放眼望去，由近及远，草原碧绿如洗，牛羊安然游动，帐篷黑白相间，湖水波光粼粼，巴颜喀拉山白雪皑皑，真是：风景优美恬淡，心情荡漾神驰。为牛头碑献上一条哈达，对天空抛撒一把"龙达"（汉语叫"风马"），是这时候最想做的事，当然也少不了照相留念。

牛头碑虽然刻有"黄河源头"四字，但不是真正的黄河源。真正的源头在约古宗列曲，距此还有100余km，那是我们次日要去拜谒的地方。由于海拔更高、人烟稀少、路况不好，游客们一般到"两湖"就折返了，也算得上到过黄河源头。

看完牛头碑之后，驱车前往曲麻莱县的麻多乡，途中经过星宿海。星宿海与扎陵湖相邻，海拔4000余m。星宿海，藏语的意思是"花海子"。这里是一个狭长的盆地，因地势平坦，水流缓慢，四处流淌的河水形成了大片的沼泽和众多的湖泊，星罗棋布、大小不一、形状各异。登高远眺，这些湖泊在阳光照耀下熠熠闪光，宛如夜空中闪烁的星辰，故名"星宿海"。

星宿海这段路很难走，坑洼多、河汊多，绝大多数河流上没有桥

▲ 午餐（2004年）

梁，需要涉水通过。路虽不好，但景色却很美，草原与河曲相拥，草茂花鲜，波光粼粼；一阵太阳雨之后，双虹共生，七彩斑斓；正值满月之时，傍晚的天空日月同辉，宁静清澈。大家都很兴奋，拍了不少

▲ 流入星宿海的扎曲（董保华　摄）

▲ 星宿海（2004年）

照片，并陶醉在彩虹双生和日月同辉所预示的吉祥中。

　　大约下午7时，考察队到达麻多乡。这是黄河源头第一乡，隶属玉树藏族自治区曲麻莱县，面积约14850km²，人口5000多。乡里很重视这次考察，为我们举行了隆重的欢迎仪式。几乎所有的藏民都走出家门，站在不太宽敞的道路两旁，注视着考察车队从跟前缓缓驶过。乡里的接待条件很有限，尤其是遇到这么大规模的队伍甚至还有些困难。但能感受到他们已经尽了最大努力。因受感动，带队的领导当场决定给乡里的第一、第二小学各捐献1万元助学款。

　　晚上住乡党校，本次考察住宿条件最艰苦的一夜，也是最难忘的一夜。乡党校院子很大，院内有一排平房，有钢丝床的房间只有几个。按职务高低排序，我们这些"局级"干部4个人住一间，睡钢丝床，其他同志打地铺，20多人一间，男女混住。大家用了自备的睡袋，我不习惯睡睡袋，感觉里面特别热，睡的不好。

▲ 热情的麻多人（2004年）

麻多乡驻地海拔约4500m，为防止夜间头疼，入睡前我躺在睡袋里吃了一片阿司匹林，可能因为躺着的缘故，药停在了食管里。大约凌晨4时，感觉食管灼疼难忍，起来到院子里吐了几口，还带着鲜血，看来阿司匹林把食管腐蚀烂了。

月夜的高原真美，月色明亮，万籁俱寂，唯一能让人感觉到仍在人间的是那四野此起彼伏的犬吠声。在院子里待了一会儿，感觉很冷，回屋继续睡觉。

次日早上6时起床，月亮已经藏在了山后，天空变得黑暗起来。一阵躁动之后大家陆续起床，接下来是排队刷牙、上厕所。

一位同事起的更早，照着手电进了围墙边的厕所，却不知道危险就在身后。据说他刚刚蹲下，就有两只藏獒循声来到厕所门口，与他对视而蹲。两个家伙没有进攻的意图，但也没有离开的打算。同事既不敢站起来，也不敢大声呼救，只好用手电照着那两个不速之客，等待救援者的到来。大约半个小时后，有脚步声传来，藏獒才悻悻离去。同事长出了一口气，庆幸危险终于解除，身心一下子轻松了许多。

六、神圣约古宗列曲

考察第五天在故事中开启。行程为麻多乡—黄河正源—麻多乡—曲麻莱县。这是本次考察最辛苦的一天，行程持续了24个小时。

早上7时考察队离开麻多乡，前往魂牵梦绕的黄河源。从麻多乡到"黄河源"碑80余km，没有明显的道路。越野车基本上是在草甸、河曲、山坡上蛇行，一路上有几辆车曾陷进泥沼，由其他车辆帮助拖出。短短80余km，走了4个多小时，大约12时到达，激动的时刻终于到来。蓝天白云下，"黄河源"碑巍然屹立，"黄河源"三个红色大字闪闪发光，身着节日盛装的藏族儿女神采飞扬。

黄河源头在青海省巴颜喀拉山北麓的约古宗列曲。中国史籍中有关黄河源头的记载不少，两千多年来，尤其是唐朝以后，不少人曾涉足黄河源地区，进行过多次考察探索。但受条件限制，直至1704年

▲ 约古宗列曲（董保华 摄）

▲ 约古宗列盆地（董保华　摄）

方有黄河源自北支扎曲、西南支卡日曲和西支约古宗列曲之说。1761年，齐召南著《水道提纲》，将约古宗列曲定为黄河正源。

　　1952年8月，黄河水利委员会派出了一支规模庞大的黄河源查勘队，历时4个多月，行程5000多km，经过广泛查勘、科学论证后，确认约古宗列曲为黄河正源。

　　约古宗列是一个东西长20余km、南北宽约12km、海拔4500m以上的盆状滩地，当地藏胞称"约古宗列"，意思是"炒青稞的锅"。在盆地西南山坡上，有众多的泉水自地下涌出，合成泉流，汇入盆地，逐渐形成一条小河，蜿蜒曲折地向盆地东北边缘流去，经过宛如满天星晨的星宿海，进入扎陵湖。

　　黄河正源有两条相距很近的细小支流，中间被一个小山梁阻隔。"黄河源"碑立在东边的那条支流的泉眼上方，两条支流在距离"黄河源"碑下方约1000m处的地方汇合，汇合处上方有藏民建造的白塔，一字排开，共八座，看上去神圣肃穆。藏民们认为，两个小支流是两条龙须，源头自然应在龙口处，即汇合处。

　　"黄河源"碑立于1999年10月24日，具体位置为青海省玉树州曲麻莱县麻多乡的玛曲曲果（"玛曲曲果"为藏语，意即黄河源头）。

石碑由产于青海湟源县的花岗岩刻就，碑身高1999mm，厚546.4mm，前者象征立碑时间，后者象征黄河5464km的长度。碑的正面雕刻着江泽民总书记题写的"黄河源"三个大字，背面镌刻着铭文。在蓝天白云下，"黄河源"三个大字熠熠生辉、光彩夺目。

　　站在碑前，考察队首先举行了宣誓仪式。队员们排列成一队，庄严地举起右手，跟着领队，严肃、虔诚而又铿锵有力地齐咏："为了黄河生生不息，万古奔流，为了黄河岁岁安澜，永利华夏……"随后，每个队员向前跨出一步，自豪地报出自己的名字。

　　这是本次考察最重要的活动，带队领导精心策划了4项议程，每项议程都很有意义。随着议程的展开，大家的情绪一步步高涨，思绪也越来越远，可谓心随天高，情追水长，对黄河母亲的敬仰达到了一个从未有过的高度。

▲ 黄河源（2004年）

▲ 向母亲宣誓（2004年）

"巍巍巴颜，钟灵毓秀，约古宗列，天泉涌流，造化之功，启之以端，洋洋大河，于此发源。

"揽雪山，越高原，辟峡谷，造平川，九曲注海，不废其时。绵五千四百六十公里之长流，润七十九万平方公里之寥廓。博大精深，乃华夏文明之母；浩瀚渊泓，本炎黄子孙之根。张国魂以宏邈，砥民气而长扬。浩浩汤汤，泽被其远，五洲华裔，瓜瓞永牟。

"自公元一九四六年始，中国共产党统筹治河。倾心智，注国力，矢志兴邦。务除害而兴利，谋长河以久远。看岁岁安澜，沃土茵润，山川秀美，其功当在禹上。

"美哉黄河，水德何长！继往开来，国运恒昌。立言贞石，永志不忘。"

这是第二项议程，主要领导宣读"黄河源"碑铭文。不知这段铭文出自何人之手，觉得写得特有情怀、特有气势、特有底蕴。肃立在

▲ 源头合影（2004年）

▲ 敬献哈达（2004年）

母亲河源头，听着铿锵有力、情真意切的朗诵，止不住心潮澎湃、思绪万千。

　　第三项议程，考察队员依次向"黄河源"碑敬献哈达和美酒。能感受到这一刻大家都很虔诚，其中，有位队员还向"黄河源"碑叩了九个头，以表赤子之心。

　　最后，车队鸣笛30s，向母亲河表示致敬！

　　议程完毕，自然少不了拍照留念，品味神泉水之甘甜，有人还用矿泉水瓶装了一些。大约一个小时之后，考察队来到了两条支流的汇合点，按照藏民的习俗，鸣枪、献酒，再拜源头。这里是藏民认定的河源，汇合点上方建有8座白色的佛塔，历史应该比较久远。

　　下午1时30分，考察队回到了黄河源头下面的麻多乡第一小学，老师、学生以及牧民们已早早地等候在那里，列队欢迎大家。进入学校后先举行捐献仪式，领队把昨晚商定的助学金交给了校长，然后吃午饭。

　　小学建在一个缓坡上，一个大院，夯土的院墙围拢着二十余间房子，一面五星红旗在院子中间高高飘扬。这是黄河流域离天空最近的学校，猜想孩子们的歌声必如天籁一般清脆嘹亮。

▲ 黄河源头小学（董保华　摄）

情为水长

▲ 黄河源区（董保华　摄）

　　学校周围全是草原，不远处就是黄河。绿草茵茵，水声哗哗，搭在校门外的两顶帐篷一彩一白特别耀眼，既充满生机，又非常和谐。藏民们和考察队员在草地上或站、或坐，或交流、或合影，氛围融洽，如盛大节日。藏族同胞既淳朴厚道，又热情大方，不论男女老少，对于合影的邀请从不拒绝，脸上总是露出善良的微笑。若不是随队考察，真想在这静谧、纯粹、离白云最近的地方多待上几天，与母亲河、与大地好好说说话。

　　当地政府和牧民们非常热情，为我们准备了丰盛的午餐。可惜在海拔这样高的地方很多人都没有胃口，只能盛情难却地吃上一些。接近下午3时许队伍开始折返，路上车辆又多达七次陷进泥沼，其中我乘坐的车子就陷进去了两次。大约下午7时，车队回到了由麻多乡通往曲麻莱县城的路口，和乡领导分手后开始赶往曲麻莱。

　　源头区考察两天，感受很深。看到了过去不曾看到过的纯净、辽阔、包容、无畏，但心里对生态环境的恶化也充满担忧。据介绍，近几年"两湖"的水位下降较多，鼠害严重，草场退化，猎鹰减少。这些问题既有自然因素周期性变化产生的影响，也有人类活动加剧带来的冲击，而更多的是后者。当地政府已经意识到问题的严重性，认为保护生态、保护"中华水塔"势在必行。

……

"巍巍巴颜，钟灵毓秀，约古宗列，天泉涌流，造化之功，启之以端，洋洋大河，于此发源……

"美哉黄河，水德何长！继往开来，国运恒昌。立言贞石，永志不忘。"

坐在车上，"黄河源"碑铭文会时不时地萦绕心间，这是大家在治黄征程上的一次洗礼，必将终生难忘！

▲ 源头草甸（2004年）

七、夜跨分水岭

麻多乡到曲麻莱县县城只有170km，怎么也没想到会行驶12个小时，直到次日早晨7时多才到达。

刚离开麻多乡就下起了瓢泼大雨，一夜基本在雨中前行。可以

情为水长

说这是本次考察中最艰辛也最具危险性的一夜，不知翻越了多少山，绕过了多少弯，也不知何时跨越了黄河与长江的分水岭——巴颜喀拉山。只记得在暴雨中穿越了37条大小不等的河流，绝大多数河流上没有桥梁，需要涉水通过。遇到大一点的河流，当地的陪同人员会先停下车来，观察一番，抛几块石头试试水深，选择一下线路，然后带头开车冲过去，其他车辆则依次按照探过的线路冲过去。

对于涉水过河，乡里和县里的领导最有经验，每次都是他们试探、带路，一夜没有失手过一次，令人佩服。

过这样的河，司机们要把握好车速，既不能太慢，又不能太快。太慢，冲力不够，车辆会停在河中间；太快，冲起来的水会淹没发动机的排气管，造成车辆熄火。需要胆大、心细，还得有点运气，否则就会有麻烦。这样的事情前天在星宿海曾经发生过，如果不是路过的一辆卡车帮忙，大家会耽搁更多的时间。

夜间有几部车再次陷进泥沼，其中我乘坐的车又发生了一次，领导为此还专门开了个玩笑。其实我坐的车没有问题，之所以频频陷入

▲ 黄河扎曲（董保华　摄）

泥沼，与其在车队中的位置和司机的个头有关。我坐的车在车队中排第6位，通过泥沼时，前面的车辆压出的车辙已经很深，本身就容易陷进去。另外，给我开车的司机个头也就一米六，坐在"沙漠王"里看不到车头前面的路况，有点"盲"开的感觉，容易引起操作失误。当然，经验不足也是一个方面。

凌晨三四点，人都很困了，为了不使司机打瞌睡，大家轮番讲笑话、逗乐子，连领导也放下了身段，能提神就行。车上有车载电台，一个人讲话时大家都可以听到，在这个时候能讲个好"段子"绝对是一种贡献。即便如此，有些司机还是很困，不得不靠掐自己的大腿来提神，回想起来有点后怕。到达曲麻莱县城后，个个显得"人困马乏"、无精打采，这时候最需要的就是休息。

大家被安排在一排排平房里，条件与玛多县差不多，一个屋有几张床，有煤火，不太冷。进屋后，个个无语，和衣倒头就睡，直到下午1时被叫醒吃饭。也许是太过劳累，睡的都挺好，没有人感觉到海拔4200多m缺氧带来的不适。

▲ 曲麻莱通天河（2013年）

▲ 高原人家（董保华　摄）

曲麻莱县属青海省玉树藏族自治州，位于昆仑山与通天河之间，是长江、黄河的发源地，地域辽阔，地形复杂多样，是个纯牧业县。地势由东南向西北逐渐升高，海拔4000~5990m，属高原大陆性气候，多风少雨，干燥寒冷，太阳辐射强。由于环境恶劣、条件艰苦，当地流传有"曲麻莱，曲麻莱，进去出不来"之说。

下午2时30分离开曲麻莱，前往玉树州州府所在地。路程有200多km，路况不错，大约行驶3个小时便到达目的地玉树。中途在隆宝湖黑颈鹤保护区短暂停留，观察一下生态环境。保护区是一个长约10km、宽约3km的草甸沼泽，站在保护区的边缘，大家看到了十数只国家一级保护珍禽黑颈鹤。

玉树坐落在巴塘河畔，主街道两旁有些楼房，建筑风格有点汉藏混搭。街道上有不少汉民饭店，曾看到一家河南烩面店，真想进去吃上一碗。

玉树海拔约3700m，由于地处青藏高原南段，气温要高些，降雨量也要大些，感觉气候要比周边地区好的多，街道两旁的行道树就是佐证。因为气候好，当地人称玉树为"藏区小江南"。

晚上州政府宴请。在青海省境内的最后一个晚上，主人自然更加热情。另外，同行的一个师傅恰逢50岁生日，说出来了，大家也要表示祝贺。气氛很好，海拔不算高，大家已从昨天的疲劳中恢复过来，热闹一番之后睡了一个好觉。

八、河通天庭

9月5日，考察第七天。行程为玉树—石渠县—甘孜。

当天的行程也比较紧张，中途考察了通天河直门达水文站、通天河侧坊坝址（南水北调工程西线第三期水源地）、三江源纪念碑等。

早上8时从玉树出发，前往通天河上的直门达水文站，距离约30km，途中考察了通天河与巴塘河交汇口和"晒经台"。

巴塘河是玉树县境内的一条小河，全长92km，集水面积2480km²，年径流量约8亿m³。它与通天河的交汇处称为金沙江的起点。巴塘河水流清澈，通天河水流浑浊，交汇点有"泾渭分明"之感。路过时在公路边停了停，了解一下基本情况。当年黄河上正在搞小北干流放淤试验，两河交汇处刚好位于一个弯道上，能明显地看到水流分层现象，主要领导很感兴趣，认为这是一个自然实证，应该从中得到启发。

"晒经台"是指通天河边上的一块石板，因板上有形似"梵文"的纹路而被称作"晒经台"，相传唐僧曾在此处晒过经书，因而得名。传说当年唐僧一行西天取经回来时曾路过通天河，在这里经历了"九九八十一难"中的最后一难。河里那成了精的癞头鼋捉弄唐僧师徒，弄翻了船上的经卷。师徒们慌忙中打捞出一些，晾在这块大石板上，结果经文粘在了石板上，留下了"晒经台"的传说。"晒经台"的对岸有个小公园，建有亭子，有简单的介绍。我们站在小公园里隔河揣摩了一番"晒经台"，试图辨析上面的经文，这当然是徒劳之举。

直门达水文站建于1956年，已经连续观测了近60年，多年平均水量为124亿m^3，南水北调西线工程三期规划从这里调水80亿m^3。这个站是通天河的出口站，向下游20余km接纳了巴塘河，汇流后称金沙江。水文站建在通天河的左岸，交通条件不错，院子挺大，生活条件应该还算可以。

看完直门达水文站，车队沿通天河右岸的简易公路上行，前往侧坊坝址，两地相距约13km。由于切割较深，河岸很陡，车队基本上在

▲ 直门达水文站（2004年）

▲ 通天河（董保华 摄）

半山腰行进，沿途能看到对岸分布在半山腰上的藏民村寨、寺庙、牛羊群以及规模不大的青稞地，风景美丽。

通天河属长江源区段，全长1146km，流域面积14万km²。通天河藏语叫"珠曲"，蒙古语叫"穆鲁乌苏"。在各民族的传说中，通天河都是通往天庭的河流。

关于"珠曲"的由来当地藏民有个传说。据传：久远以前，玉皇大帝的一头牦牛奉命下凡，发现了玉树这块美丽的草原，并受到人们最崇敬的欢迎。感动之下，牦牛跑上一座高山，向着玉树草原大吼三声，之后从鼻孔里喷出了两股牛奶般的清泉，泉水越流越大，最终汇成了牦牛河（即"珠曲"）。玉皇大帝得知牦牛擅自喷泉成河，一气之下将其变成了一块大青石，凝固在了通天河的上游。

侧坊坝址是初选的水源地，将来要在这里建一座大坝，抬高水位，然后通过隧洞和自然河道，把水送入雅砻江，最后进入黄河，缓解黄河上中游地区的严重缺水问题。这无疑是一项巨大的工程，可谓

▲ 考察侧坊坝址（2004年）

千秋伟业。人类没有传说中牦牛那与生俱来的"喷泉成河"的本领，但我们有孺子牛精神，一样可以成就伟业。

从侧坊折返后，大家来到结古镇附近，拜谒三江源纪念碑。三江源纪念碑位于214国道旁，紧邻通天河。纪念碑建成于2000年9月，它的揭牌标志着"三江源自然保护区"的正式设立。三江源地区是我国面积最大的天然湿地分布区，素有"中华水塔"之称，长江、黄河、澜沧江均发源于此，且三条大河的源头相距很近，是个山川壮丽、水草丰美、野生动植物资源十分丰富的区域，从近20年源头区生态环境的变化看，保护三江源势在必行。

看完三江源纪念碑，车队翻越通天河与雅砻江的分水岭，来到四川省境内的石渠县。这是四川省海拔最高的县，县城所在地海拔接近4300m。南水北调西线工程前期工作期间，曾有很多技术人员长期活动在这一带，与当地政府和群众结下了深厚的友谊。

1996年，石渠县发生特大雪灾，我所在的单位曾捐款支持过灾后重建。中午吃饭时，当地领导还提到了这件事，使大家陡生亲切之感（我们一行中大多数人并没有参与当时的工作）。据同行的技术人员讲，县城经过灾后重建，面貌有很大的改观，条件比原来好了许多。

九、甘孜雅砻江

下午2时30分离开石渠，前往甘孜。由于已经进入四川境内，青海省的陪同人员午饭后便与大家分手，自行前往成都。下午的路程只有200多km，但路况很差，又遇到雨雪天，晚上10时30分才到达目的地。途中经过玛尼干戈，一个藏区十分有名的乡镇。

玛尼干戈位于通往藏区的交通要道边，向西北前行可到玉树，向西南前行，翻越雀儿山可到德格，过金沙江可进入昌都地区。因此，

▲ 马尼干戈（董保华 摄）

这里行人多、车辆多、客栈多，是一个非常热闹的地方。著名的冰川湖泊——玉龙拉措（新路海），就在距玛尼干戈20余km处的雀儿山下，而玛尼干戈至甘孜一线的雅砻江支流，风光非常秀丽，是甘孜境内重要的旅行目的地之一。

晚上住甘孜。甘孜是川藏北线上的重镇，清末明初已形成"茶马互市"大驿站，中华人民共和国成立前就有来自青海、陕西、四川等地的商人在这里开展商贸。中华人民共和国成立后，工商业有较大的发展，甘孜成为川藏北线上的重要商贸中心。甘孜生产的"宝鼎炉""茶桶"等民族铁工艺品在藏区享有盛名。

甘孜县城距州府康定384km、成都742km，海拔3410m。藏语里甘孜为"洁白美丽"的意思。据传，清康熙元年（1662年），五世达赖派弟子到霍尔地区（蒙古人统治的藏区）创建十三座黄教寺庙，第一座寺庙——甘孜寺就建在有白色石头的地基上，故名甘孜。

我以前曾来过甘孜一次，这里海拔不算高，高原反应不太强烈。但这次还是发生了意外，青海省的随行队医差点出大事。

队医是个30多岁的女同志，身体条件不错，曾经多次上高原。前几天太过辛苦，到甘孜后精神一下子放松了就洗了个澡，晚上出现晕厥现象。据说，她当时连敲门的力气都没有了，倒在门前用手指轻轻地挠门求救。幸好有同事路过，听到异常，赶紧叫服务员开门送医院抢救。如果不是巧合，可能真出大事。此事再次印证，在高原上不要轻易洗澡，以免加剧缺氧，导致险情。

考察第八天，全天在甘孜境内活动，主要考察南水北调西线工程二期水源地雅砻江。雅砻江是金沙江的最大支流，全长1571km，流域面积13.6万km^2，河口处多年平均径流量为1860亿m^3，是黄河年水量的三倍多。雅砻江发源于巴颜喀拉山南麓，流经青海的称多县和四川的石渠县、德格县、甘孜县、新龙县等，在攀枝花市境内汇入金沙江，新龙县以上为上游段。甘孜雅砻江桥附近设有水文站，控制流域面积约3.3万km^2，多年平均径流量约88亿m^3。

▲ 甘孜雅砻江畔（董保华 摄）

▲ 雨中换胎（2004年）

早上从县城出发，前往雅砻江干流考察南水北调西线工程二期水源地——阿达引水坝址，规划从这里调水40亿m³。坝址距离甘孜县城约80km，前20km河滩宽阔，两岸有不少村庄，道路尚可。进入峡谷后路面很窄，多数路段修在河岸边的半山坡上。甘孜已连续下了几天小雨，连阴雨后道路泥泞，山坡上疏松的土层水分已饱和，时不时有小石子和块石从山上滚落，感觉随时都有塌方、滑坡的可能。

一边是峭壁下的滚滚激流，一边是随时有可能发生滑塌的山坡，大家都提心吊胆，有些同志甚至想打退堂鼓。更为糟糕的是，我乘坐的车辆轮胎被石片划破，不得不在泥泞中换胎。这一耽误就是半个多小时，等我们再与大部队汇合时，他们已经看完坝址开始折返。没能看到坝址，有点遗憾，但对雅砻江的水量以及河谷的地形地貌也算有了直观认识。

大约下午3时，大家回到宾馆，稍事休息后，按照当地政府的安排参观格达活佛纪念堂。堂内陈列有许多红军留下的珍贵文物和格达活佛的生平事迹。

据介绍，1936年6月，红军二、四方面军在此会师，并帮助当地人民建立了波巴人民政府，播下了革命种子。甘孜应该是红军长征时在青藏高原走过的最靠西的地方。

甘孜这一天是比较轻松的一天，至此本次考察的主要任务已经完成，剩下的日程主要是赶路，途中还顺带看了几个点。

十、溜溜的康定城

考察的第九天，行程为甘孜—康定。全天没有安排技术考察内容，主要任务是赶路。

早上8时从甘孜出发，翻越洛戈梁子进入鲜水河流域，沿鲜水河而下经炉霍、道孚、八美，翻越橡皮山，再翻越雅砻江与大渡河的分水岭折多山（垭口海拔4298m），下行到康定。沿途地形、地貌多变，景色宜人，尤其是八美镇和塔公草原。

▼ 鲜水河流域（2004年）

▲ 塔公草原（2003年）

鲜水河是雅砻江左岸最大的支流，发源于青海省达日县，北源称泥曲（泥柯河），南源称达曲，两曲在炉霍汇合后称鲜水河。该河全长541km，在雅江县呷拉乡注入雅砻江，河口多年平均径流量202亿m³。南水北调西线规划的一期工程将从泥曲、达曲调水。

甘孜—康定一线处于青藏高原与四川盆地西缘山地的过渡带，地形复杂，大断裂较多，地震活跃，"鲜水河地震带"就非常著名，1630年以来曾发生过9次7级以上地震，最近一次发生在1973年，震源在炉霍县雅德乡，震中7.6级。

上午的行程很顺利，下午在塔公寺遭遇大雨，之后一直在雨中行驶。到折多山垭口，雨转为雪，雪粒像沙子一样打在车上，雾很浓，能见度极低，车子开得都非常小心。

由于参观塔公寺耽误了一个多小时，加之恶劣天气，使本来轻松的行程变得不轻松，到达康定已是晚上8时。

"塔公"，藏语的意思为"菩萨喜欢的地方"。塔公寺是藏传佛教萨迦派的著名寺庙之一，有"小大昭寺"之称，是康巴地区藏民朝拜的圣地之一。据说，寺内的释迦牟尼像为文成公主进藏时期所塑，是珍贵文物。寺庙周围佛塔成林，甚是壮观。每年藏历六月中下旬，寺庙都会举行盛大的佛事和跳神活动。

塔公寺附近的塔公草原很开阔，也很美丽。每年夏季，藏民们都会在这里举行耍坝子活动，举办民间赛马和歌舞等节目。届时，各色帐篷遍布坝子，人马熙熙，热闹非凡。

塔公寺周围商铺很多，以经营当地土特产以及藏族饰品为主。经不住诱惑，我买了个镶嵌有贝壳的烛台、几个狼牙挂件和一个石刻。烛台和石刻现在还放在我的书架上，狼牙挂件却早已变色。

▲ 康定（2003年）

晚上住康定。这是个美丽的城镇，瓦斯沟穿城而过，两岸是极具藏族特色的建筑。城不大，很干净，也很漂亮。据说朱镕基总理视察康定时，曾深情地赞叹此地为"海外仙山，蓬莱圣地"。到了这里，海拔下降了许多，大家对高原反应的那种戒备心理已经没有，可以哼哼《康定情歌》，喝上几杯小酒。

大家知道康定可能都是缘于那首情意绵绵的《康定情歌》，但多数人并不知道康定是甘孜州的州府、马尔康是阿坝州的州府。两地与四川藏区腹部均有天然屏障，一个叫折多山，一个叫鹧鸪山，海拔均在4000m以上。

康定所在地海拔只有2500m，距成都365km。据资料，康定古称打箭炉，传说蜀汉时诸葛亮南擒孟获，遣将郭达在此造箭，由此得名。后人考证，打箭炉是藏语"打折多"的译音。"打"是指自大地山流来的打曲（雅拉河），"折"为折多山流来的折曲（折多河），两条河在康定汇合后称"瓦斯沟"。也有人说康定系汉语名，因丹达山以东为"康"地，取康地安定之意。不管怎么解释，康定这个名字从自然和文化的角度看都起得很好，寓意深刻，令人充满向往。

2003年考察南水北调西线工程时曾在这里住过两夜，很喜欢这个小城的环境，也很喜欢这里的风土人情和文化氛围。到了这里便如同到了成都，吃的舒服，睡的安逸。

十一、收官成都

考察第十天。行程为康定—泸定—海螺沟。

今天的内容属于顺道考察，重点是海螺沟贡嘎山的冰川，途经泸定时参观了著名的泸定桥。泸定桥又名"大渡桥"，始建于清康熙四十四年（1705年）九月，次年四月投入使用，距今已有300多年的历史。桥全长103.67m，宽3m，由13根铁锁链组成。历史上曾几经维修，最后一次是1975年。1961年，该桥被纳入首批全国重点文物保护单位。

1935年5月，中国工农红军长征途中曾在这里发生过一次重要战役——飞夺泸定桥，此役为红军北上奠定了基础。因此，在中国现代史中，这座桥就具有了特别的意义。

大家从铁桥上走了一趟，看着桥下那滚滚激流，在摇摆不定的索桥上前行，心都提得高高的，有些眩晕，有点心悸。前行时，不少人的手始终不敢离开锁链。可想而知，当年红军在枪林弹雨中飞夺时需要多大的勇气和胆量。

▲ 大渡桥横铁索寒（2004年）

情为水长

下午驱车前往海螺沟。泸定到海螺沟的距离约70km，路不错，所以3时多就到了冰川附近的3号营地。海螺沟冰川可能是世界上海拔最低的冰川，在不到3000m的地方就可以看到冰舌，1、2号冰川的海拔也就3600m左右。

由3号营地上方乘索道可直达1、2号冰川所在地，索道下方是冰舌。由于雾大，看得不是很清楚。这是我第一次看冰川，看到的是冰川的下部，表面有不少沉积物，显得很浑浊，并不怎么美丽，但不失壮观。冰川所在的山叫贡嘎山，顶峰高程7556m，高出旁边的大渡河6000多m²，是中国境内仅次于喜马拉雅山和南迦巴瓦峰的第三高山。

晚上住3号营地。当天的行程不算累，大家又看到了冰川，心情都显得很好。晚上早早休息，期待着次日早上能看到那轻易不露真容的"金顶"。

▲ 2号冰川（2004年）

▲ 清晨的海螺沟（董保华）

　　早上7时被脚步声和呼唤声吵醒，队伍中的摄影迷在奔走相告看到"金顶"的喜讯，激动之情溢于言表。正是太阳升起的时候，冰川和雪山的局部位置在朝霞的辉映下，金光闪闪。这一景象被称作"金顶"，是来海螺沟必看而又很难看到的一景。

　　由于雨和雾常在，要看到"金顶"，不仅需要合适的位置，更需要合适的天气，运气也很重要。据说，有些摄影爱好者在这里住上十天半个月也不一定能看到这一胜景。这样说来，我们算是幸运者。

　　"金顶"景象能持续的时间很短，随着太阳升起会很快消失。之后，大家能够欣赏到远处那静谧的雪山，在阳光照耀下同样熠熠生辉，同样令人敬仰。虽然看到的不是贡嘎山的主峰，但这绝对是最美丽的那一部分。

　　早饭后驱车前往成都。车子要从海螺沟返回泸定方向，在距泸定县城不远的地方上川藏线，然后翻越二郎山，进入天全县。二郎山是过去川藏线上最险峻、最难走的地方之一。2001年二郎山隧洞打通，再也不需要翻越山岭，穿越4000多m长的隧道只需5分钟，可谓"天堑变通途"。大约下午5时到达成都，晚上住四川宾馆。至此，考察行程全部结束。

这次考察虽然艰险，但很顺利，也很幸运。在高海拔、天气多变的情况下，能够全部按计划完成考察任务实属不易，而且没有一个队员中途退出（这在过去是常有的事），也属罕见。

能到黄河源头可能是很多人的梦想，一生能去一次是极大的幸运，尤其是作为黄河人，只有到过河源才能真正读懂何为母亲情怀。我做到了，我很幸运。

9月10日，考察队在成都召开"黄河源区暨南水北调西线工程考察总结会"，对12天的考察活动进行总结，每个人都谈了体会和认识，座谈会充满着许多令人激动和感动的片段。会议安排出版一本考察文集，名为《走进黄河源》，要求每位考察队员都要为文集贡献一篇文章。我写了一篇，题为《健康生命须健康心脏》。

十二、健康生命须健康心脏

河流之生命始于河源，河流之健康赖于水体。水丰流畅是河流生命之树长青的根本所在，是水资源永续利用的重要基础。但在开发利用水资源时，维持河流健康生命的水量却往往被忽视，甚至出现本末倒置、竭泽而渔的现象，造成河流生命的危机。由于大量挤占河流生态用水，被喻为中华民族摇篮的黄河，其流域生态系统呈现出整体恶化趋势，甚至蔓延到了源头地区。

2004年8月29日至9月10日，在黄委主任的带领下，我们考察了黄河源区和南水北调西线工程调水区，对从源头开始的黄河生命危机，有了更加深刻的认识，深感维持黄河健康生命任重道远、势在

▲ 星宿海草地退化（2004年）

必行。

　　黄河源区一般指干流唐乃亥断面以上区域，干流长1500余km，集水总面积12.20万km²，占黄河流域面积的15%。多年平均径流量约202亿m³，占黄河年均径流量的35%。区内有高山、盆地、峡谷、草原、沙漠和众多的湖泊、沼泽、冰川及多年冻土等地貌，属高寒地区。多年平均气温零下4.0摄氏度，多年平均降水量308mm，空气含氧量为海平面的60%，冰期长约7个月。源区人口密度为5人/km²，其中玛曲以上只有2人/km²。源区的人口、耕地等主要集中在玛曲以下。

　　黄河源的考察从唐乃亥水文站开始，沿青康公路过花石峡到玛

▲ 涓涓细流（董保华 摄）

多县，出玛多县沿黄河过鄂陵湖、扎陵湖到麻多乡。麻多乡是黄河流域第一乡，乡政府所在地海拔4300多m，距黄河源头玛曲曲果只有80余km。一夜休息之后，大家怀着激动而又虔诚的心情于次日早上7时开始了河源考察朝拜之路。"巍巍巴颜，钟灵毓秀，约古列宗，天泉涌流。造化之功，启之以端，洋洋大河，于此发源。……"默诵着那神圣的碑文，一路上心潮澎湃。正午时分，大家终于看到"天泉"，站在了"母亲"的面前。仰视苍穹，庄严宣誓；手捧哈达，匍匐敬献；大家心随天高，情追水长，深感肩负重任，当终生孜孜以求。然而，耳闻目睹的情景又令人大为震惊，惴惴不安。既看到气势恢弘、博大精深的大河源头之风采，也看到壮丽景色下的累累隐患：湖泊消失的痕迹，溪流干涸的河床，植被稀疏的草原，鼠獭肆虐的洞穴。

黄河水量不足从源头起就已凸显，断流在源头也曾经发生。黄河沿（玛多水文站所在地）以上的源头地区多年平均径流量为7亿多m^3，

20世纪90年代中期以来，实际来水量明显减少，1998年至2001年间其至发生了连续3年跨年度断流事件。黄河源头地区的玛多县号称千湖之县，原有大小湖泊4077个，现已不足2000个；原有的上千条河流目前仅剩几百条，有些还是季节性河流。

黄河源头地区生态环境也在逐步恶化。20世纪70年代以前，黄河河源区覆盖着大量的高山草原化草甸和高寒沼泽化草甸，密实如毡，草丰畜肥。70年代以后，源区植被普遍退化。据专家对黄河源头地区3.8万km^{2}卫星遥感照片的判读，80年代草原年平均退化速率比70年代增加了1倍多，荒漠化平均速率则由70年代的4%剧增到80年代的20%，呈现逐年加快的趋势。目前，玛多和达日县60%~70%的草场退化，其中玛多县90年代末荒漠化发展速度较之80年代中期增加约6倍，流动及半流动沙丘增加了20多倍，有些草场覆盖度已有50%~70%下降至现在的30%。草场退化不仅体现在植被覆盖度下降，更体现在草地优势种群演化、草群结构变化、草地生产力下降等

▲ 河源区鼠害（2011年）

草地生态功能下降上。由于生态环境恶化，加之对野生动物的偷捕盗猎和药用植物的大肆采挖，生物物种分布区缩小，生物多样性受到威胁。而对生态环境危害极大的老鼠却数量增多，仅玛多县就有鼠害面积1.49万km²，由此而减少载畜量约28万头（羊）。鼠害严重区，鼠洞可达每平方公里556～1065个，鼠兔每平方公里120只。

种种迹象表明，被喻为"中华水塔"的黄河源区供水能力下降，具有发动机作用的黄河源动力怠滞，处于河流心脏部位的黄河源区已显露病态。黄河源区的问题只是黄河生命问题的一个缩影，从黄河下游断流发出重病警示开始，黄河正面临着生死存亡的考验。

"揽雪山，越高原，辟峡谷，造平川……"从潺潺溪流融汇百川，到浩浩荡荡奔流入海，是河流健康生命的写照。水资源周而复始一轮又一轮的水文循环表现了完整而波澜壮阔的生命过程。在河流生命过程中，水是最基本、最活跃的元素，河流拥有维持本体健康生命的基本水权。黄河目前的状况表明，依赖河流动力、河流水源来维系的生态系统出现紊乱乃至崩溃。河源沙化、荒漠化意味着水源涵养能力下降；产流不足以及产流不均衡，意味着河流生命原动力的衰退；下游河道持续淤积抬高等于河流生命周期的黄牌警告；而河道长时期长河段断流则宣告着河流生命的衰竭。因此，维持黄河健康生命已经成为当务之急、历史重任。

2004年1月，黄委党组正式确立"维持黄河健康生命"的治河新理念。大河上下，已成共识，无不为之奋斗；国内国外，广为传诵，无不倾心思考。健康肌体须健康心脏！

谋长河以久远，国运恒昌……

十三、若尔盖草原

　　第三次考察河源是2013年9月，距第一次已经九年。九年间，河源区发生了不少事情，其中影响最大的包括三江源保护区第一期生态保护工程实施、玉树地震等。

　　这次考察从四川松潘出发，途径若尔盖草原、玛曲县、班玛县、壤塘县、甘孜县、石渠县、玉树、曲麻莱县、黄河源、玛多县、西宁等地，既查勘了南水北调西线工程一、二、三期水源地，也查勘了黄河源头区，历时8天，行程4000多km，看的范围很大。

　　第一天。行程为松潘—若尔盖草原—若尔盖县唐克镇—玛曲县。主要考察点包括若尔盖草原、白河口水文站、黄河第一湾、玛曲水文站等。考察队早上8时离开松潘，在川主寺参观红军纪念总碑之后开始了一天的行程，途径巴西会议会址附近的红军纪念碑、若尔盖县城、唐克镇、麦溪乡，下午5时30分到达玛曲县，全程约400km。

▲ 出发（2013年）

情为水长

　　川主寺到若尔盖县为国道，若尔盖县到唐克镇为省道，大部分路段路况不错。但从唐克镇到玛曲县为县道和乡道，路况不好，约有100km的路段特别难走，坑洼深，积水多。

　　川主寺红军长征纪念总碑建成于1989年10月，坐落在元宝山山顶（海拔3104.7m）。碑体为汉白玉，高24m，呈三角立柱体、金黄色，象征着红军一、二、四方面军紧密团结、共同北上、坚不可摧的历史。碑座上矗立着一个近15m高的红军战士塑像，一手握枪，一手持花，双手高举呈"V"字型，象征红军长征胜利。整个纪念碑富有坚定和悲壮的气势，彰显长征路上红军战士前赴后继、英勇向前、历尽艰险、流血牺牲、付出极大代价的主题。

　　金光闪闪的纪念碑下是郁郁葱葱的松柏林，前方是滚滚南流的岷江，远处是白雪皑皑的岷山主峰——雪宝顶。看到此景，便想起毛泽东《七律·长征》中"更喜岷山千里雪，三军过后尽开颜"的诗句，豪迈的气魄、伟大的乐观主义精神尽在其中。

　　参观纪念碑后，进入岷江源头的西支，沿213国道翻越分水岭后进入若尔盖草原，穿越若尔盖草原到达唐克镇。

　　若尔盖草原素有"川西北高原的绿洲"之称，是我国三大湿地之一，总面积约5.3万km^2。由于气候寒冷湿润，蒸发量小，排水不畅，历史上这里的地表经常处于过湿状态，利于沼泽发育，形成了我国最大的泥炭沼泽——若尔盖沼泽，是黄河上游最重要的水源涵养地和生态功能区之一。

▲ 若尔盖草原（2013年）

　　若尔盖草原动植物种类繁多，物产丰富。分布有国家湿地保护区、黑颈鹤保护区、梅花鹿保护区。栖息着黑颈鹤、白天鹅、藏鸳鸯、白鹳、梅花鹿、小熊猫等大量候鸟和野生动物。

　　2007年，我曾陪同部里的领导走过阿坝、唐克、花湖、川主寺一线，基本上也是在若尔盖草原上穿行。两次对比，感觉草原水源涵养能力明显提升，水比上次丰沛，草比上次茂盛。

　　若尔盖草原境内的白河、黑河是黄河的两条一级支流，其涵盖的地域是四川省在黄河流域的主要部分。白河多年平均径流量为22.8亿m³，黑河多年平均径流量为25.2亿m³。白河在唐克镇汇入黄河，黑河在玛曲县城附近汇入黄河。两条河流的流域面积虽然不大，但径流量不小，是黄河上游的主要产水区之一。因此，保护和涵养若尔盖草原很重要。

　　白河流经唐克镇，北行9km汇入黄河。河边有一座小山，登上山顶可以远眺由西北方向而来的黄河，犹如仙女舞动的飘带由远及近。黄河在这里拐了一个很大的弯，河流由东南方向转向北西方向。从地图上看，此湾几乎成"U"字型。因为是黄河上游的第一个大湾，故称"黄河第一湾"。黄河到了这里，河面宽阔、汊流众多，水缓流平、沙洲密布，柽柳成林、水鸟翔集，一派蜿蜒逶迤、风姿绰约的景象。

▲ 白河上游（2004年）

由于良好的湿地生态环境，这里成了鸟类栖息地和迁徙的中转站。两次途径这里，都看到有不少鸟类在河滩上和水草边活动，包括国家一级保护禽类——黑颈鹤。

下午查看玛曲水文站。玛曲水文站建于1959年，是黄河干流上的国家水文站。测站位于玛曲黄河大桥的上游，测验断面上下游的河道顺直，水流平缓，测验条件不错。站房旁边是个草坝子，很开阔，散落着一些帐篷，可能是当地群众举行娱乐活动和休闲的地方。

晚上住玛曲县。玛曲藏族自治县属甘肃省，格萨尔王曾在此度过青少年时期，故称格萨尔王的第二故乡。"玛曲"系藏语，意为"黄河"，因临黄河而得名。县城所在地海拔约3500m，不算高，但大部

▲ 玛曲水文站（2013年）

分来过这里的人都觉得不舒服。我是第一次到玛曲，并没有什么异样的感觉。

一天都在草原上穿行，看到的景色很美，真可谓：

茫茫草原生秋色，熠熠平湖伴鹤歌。

策马牧童声渐远，南飞征雁影婆娑。

寒风瑟瑟千幡岭，碧水弯弯万里河。

遥看夕阳霞落处，尘埃陡起客几多？

十四、玛曲黄河

考察第二天。行程为玛曲县—久治县—班玛县。

早上7时30分离开玛曲县城，向黄河上游行进，中途察看了南水北调西线工程入黄处采日玛乡和阿万仓湿地（均属甘肃玛曲县）、门堂水文站站部（属青海久治县）等三个地方，晚上住青海省班玛县。全天行程约350km，路不好走，吃午饭已是下午3时多，晚上8时30分才到达班玛县县城。

从玛曲县城到采日玛乡的路程约100km，路面还算可以，但比较窄，行驶了两个多小时。黄河在这一段很宽阔，水流平缓，汊流众多，河心洲发育，洲上多生长柽柳，长得很茂盛。河流、洲滩以及两岸的草地、群山、牛羊、帐篷，构成了一幅祥和美丽的画面，在阴雨下显得特别宁静。

"采日玛"是藏语的音译，来自于当地一个200多年前的家族的名字。采日玛乡位于玛曲县东南部，与四川省若尔盖县隔河相望。全乡面积约679km^2，人口不足6000人。地势以丘陵为主，较为平坦，平均海拔约3500m，年均降雨量约615mm，属高寒阴湿气候。

南水北调西线工程选择的入黄口就在采日玛乡对岸，穿越高山峡谷的隧洞将在这里钻出地面，调来的长江水也将在这里与黄河水交汇。目前还在项目建议书阶段，大家只能对着图纸和山地，想象一下

▼ 玛曲黄河（2013年）

▲ 西线入黄位置（2013年）

未来的情景。

看完入黄口已过11时，原路返回至国道，前行约30km就是下一个考察点——阿万仓。"阿万仓"也是藏语音译，同样来自历史上一个显赫家族的名字。阿万仓乡面积约1482km^2，人口不足7000人，是黄河流域很有名气的一个湿地，夏季到此观赏野花的人很多，从乡镇的建筑规模和风格就能看出这里是个旅游胜地。可惜我们来的晚了些，野花已过盛季，看不到花海那种景象。但站在高处俯瞰湿地，仍然能感受到她的美丽和雍容。群山环抱中的湿地，河曲蜿蜒，草地开阔，牛羊群宛若洒落在绿色地毯上的黑白色花瓣，使茫茫草原充满生机。苍鹰在空中盘旋，犹如护卫草原的战士。

大约下午1时，考察队离开阿万仓，前往久治县。久治县属青海省果洛藏族自治州，地处青、甘、川交界处，东南与四川阿坝县相邻，东北与甘肃玛曲县接壤。全县面积约8757km^2，人口2万多，98%为藏族，是青海省畜牧业生产基地之一。

由于地处两省的接壤处，阿万仓到久治的路况特别糟糕，坑洼不

▲ 阿万仓湿地（2013年）

平，泥泞颠簸，短短50余km的路程走了两个多小时，下午3时多才到达久治县城。大家早已饥肠辘辘，自然是先用午餐，然后再考察门堂水文站站部。

门堂水文站设立于1987年8月，站址位于久治县门堂乡的黄河干流上，距离久治县县城约90km。站址处海拔3600余m，高寒缺氧，条件艰苦，是一个巡测与驻测相结合的站，平时职工就住在站部，条件尚可。

看完门堂水文站站部，驱车前往班玛县城，两地相距约150km，需要翻越黄河与长江的分水岭，正常情况下需行车两个小时。很遗憾，遇到修路和下雨，行驶了将近四个小时，到达目的地已是晚上8时多。累了点，但玛曲县到久治县这一段我还是第一次走，收获不小。

班玛县隶属于青海省果洛藏族自治州，县域面积6138km²，人口约3万，95%为藏族。境内山脉纵横，河流交错，山大沟深。县域东南部与四川的阿坝、壤塘、色达县接壤。"班玛"是音译，藏语的意思是"莲花"，由于气候和环境相对较好，班玛县号称果洛州的"小江南"。景如其名，确实很美。

班玛县地处大渡河上游，属大陆性高原气候，降水量丰沛。境内主要河流有玛柯河、杜柯河、克柯河和洛曲等。南水北调西线工程一、二期涉及青海省的县域只有班玛县一个，坝址也只有玛柯河上的霍纳坝址，但当地政府总是很支持南水北调西线工程前期工作，热情好客。

这是我第四次进入班玛县界，第二次在这里住宿。县城坐落在玛柯河右岸，沿河展开，规模不大，但很干净。政府有个三层楼的招待所，能够容纳三四十人，正好满足接待我们这种规模不太大的团队。

天已晚，大家用餐后便休息了。县城海拔约3500m，多少有些高原反应，但不影响休息。

十五、高原"小江南"

考察第三天。行程为班玛县—壤塘县，主要考察南水北调西线工程一期水源地玛柯河、杜柯河，以及水文站和壤塘基地。全天行程相对轻松，路程不远，路面不错，景色优美。

▼ 玛柯河霍纳坝址处（2007年）

▲ 玛柯河与杜柯河的分水岭（2013年）

早上8时30分离开班玛县城，先查勘霍纳坝址。县城附近的玛柯河大桥上游有我们设立的专用水文站，1999年设站以来已经连续观测了十多年。霍纳坝址在县城上游8km处，推算坝址处的年均径流量约11亿m³，计划调水7亿m³。西线一期工程项目建议书阶段，在这条河上曾经选过4个坝址，其中3个位于县城下游，虽然技术上可行，但淹没县城、重要寺庙以及天葬台等成了制约因素，因此最后选定霍纳，这样做是为了减少淹没损失、避免县城搬迁，但要牺牲一些可调水量。

看完霍纳后返回县城，由县城下游的一条支沟翻山前往班玛县的知钦乡，进入杜柯河流域。我还是第一次走这条沟，看上去路是新修的，路况还可以，景色与前两天看到的截然不同。土石山，有森林，植被很好，沟谷里有小片的草场。

以前到班玛县都是从四川阿坝方向过来，沿玛柯河干流上行，过友谊桥后进入班玛县地域。看完玛柯河再原路返回到友谊桥，翻越分水岭后进入杜柯河流域。那同样是一条景色宜人的线路。

　　杜柯河也是一个水量丰沛、植被茂盛的流域。河流两岸，峡谷与坝地相间，沿河分布着多个寺庙，如知钦寺、西穷寺、鱼托寺等。其中，知钦寺最有名气，香火最旺，而鱼托寺规模最大。这些寺庙是藏民的精神家园，在工程建设中要特别考虑对它们的影响。

　　在知钦寺附近，与青海省的陪同人员分手，进入四川，接下来要在四川境内住3个晚上，然后再进入青海。

　　由班玛过来，有感而发，在车上写下了《班玛县》一诗：

　　　　果洛小江南，藏语莲花县。

　　　　玛柯城前过，寺院依河建。

　　　　大黄名气大，野菌种类全。

　　　　峡谷景色美，卓玛赛貂蝉。

　　四川境内的道路正在翻修，半幅已经浇筑好，另外半幅的路基也已完成，不是太好走，但并不颠簸。

▲ 西穷寺（2013年）

▲ 美丽的坝子（2013年）

途中察看了西穷寺和珠安达引水坝址，路过鱼托寺。约下午2时，在上杜柯乡附近的坝子上用午餐。这是我第三次在这个坝子上吃午饭，感觉一草一木都很亲切。坝子周边很美丽，天气也很好。脚下是松软的草地，头顶是蓝天白云，不远处就是清流滔滔的杜柯河，山坡上散落着藏族特色浓郁的民居。美丽的藏族姑娘盛装谦和，不停地给客人们端茶倒酒，感觉特别温馨。

下午的行程比较轻松，沿途查勘了杜柯河专用水文站、南水北调西线壤塘基地，约5时30分到达壤塘县城。

杜柯河专用水文站建于1999年，由黄河上中游水文水资源勘测局的同志们代为观测。站房在杜柯河岸边，为原来的林场所有，禁伐后一直闲置，便借来使用。在水文站长年值守的是一对来自黄河上游水文水资源局的中年夫妇，两人看上去都有点苍老。由于站址偏僻，交通不便，生活很清苦，一般人在这里待不住。

▲ 基地小院（2004年）

西线壤塘基地建成于2007年，主要用于存放岩芯、材料、设备等，也是前方转场时的休息场所。基地紧靠杜柯河，曾是一所小学，新老建筑物不少，距县城约1.5km。在县城附近能找到这么大一块地很不容易，真要感谢当地政府的大力支持。目前有一对来自洛阳的夫妻在值守基地，两人都是我们单位的职工。由于近期一直没有外业工作，基地里空荡荡的，看着这么大个场地闲置着挺可惜，他们就搞了个茶社。据说还有些生意。

壤塘县是个小县，曾经是一个靠木材吃饭的县，禁伐后县财政很困难。因此，前些年当地政府很支持南水北调西线工程，希望能够尽快上马，带动当地经济发展。这是我第四次到壤塘，很喜欢这个地方。一是环境好，海拔低（3200m）；二是人们热情好客，对南水北调西线工程有很强烈的期待。其景其情可谓：

壤塘临杜柯，峡谷杉树多。

水磨沟口建，碉楼山顶摆。

气候甲西线，文化较融合。

众盼平湖起，迈向新生活。

十六、翻越奶龙山

考察第四天。行程为壤塘县—色达县—甘孜县。

早上8时离开壤塘，前往甘孜，中午在色达县用餐，晚上8时30分到达甘孜。全程约260km，路况是这几天行程中最差的一段。

出壤塘县县城，先沿杜柯河下行至色曲入汇口。这段路是通往阿坝州州府马尔康的干道，养护的不错。路两旁是高山峡谷，水流湍急，植被茂密，景色宜人。早上的云雾更为高山峡谷增添了不少神秘色彩。

临河的山顶上还保存有不少古时候的碉楼，在雾中时隐时现，犹如仙界。据说，这些碉楼都是旧时大户人家的豪宅，之所以建在山顶上，主要是因为防盗抢，利用了易守难攻的特点。

▼ 杜柯河畔的藏民居（2013年）

▲ 杜柯河畔的碉楼（2013年）

在色曲入汇口附近，有一处依山而建的塔群，当地人称"万佛塔"。一塔高耸，万塔相拥，肃穆壮观。由此过桥便进入色曲。

色曲是杜柯河的一条小支流，长约140km，年径流量约5亿m³。进入色曲后，有一段河谷景色也很美。坝子上的青稞泛黄，已经到了收获的季节，沟头的水车在没日没夜地念叨着岁月。但美丽的景色和轻松的心情很快就被坑洼不平、泥泞难走的道路所搅乱。据陪同人员讲，四川省从当年开始，要用三年时间对甘孜境内的国道、省道、县道进行全面改建。当年是第一年，所有的路都"开肠破肚"，难走很自然。前几次查勘西线时也走过这条路，路面虽然窄了些，但还算平整，车辆不多，车子能够跑起来。

壤塘县县城与色达县县城相距100余km，正常情况下两个多小时便可以到达，这次却走了四个多小时。途中看了两个点：喇荣五明佛学院和色曲上的洛若坝址。

前几次考察西线都曾路过这里，不知道色达境内还有个五明佛学院，这次又长了见识。

▲ 喇荣五明佛学院（2013年）

喇荣五明佛学院称得上藏区规模最为宏大的佛学院，整个沟道里、山坡上布满了经院、扎仓，有点一望无际的感觉，气势恢弘，令人震撼。据说，五明佛学院始建于1983年，初时只有学生30余人，后来的发展速度超乎想象，学员不仅来自藏区，还有内地和国外的，影响非常大。常住学员近一万人，相当于当时色达全县人口的一半。学院实行自治，成立以来未发生过任何刑事事件、火灾等。

看完佛学院，有感而发，在车上写就了四句：

恢弘经殿耀山谷，赭色扎仓罩众坡。

四海学员求证悟，万千僧徒敬佛陀。

接下来查勘色曲上的洛若坝址。坝址处年径流量约4亿m³，规划调水2.5亿m³。由于水量小，有专家建议取消这个水源地。这是一种可能。坝址离色达县县城已经不远，沿河谷上行，地势逐渐开阔，草原越来越平坦。

下午3时离开色达前往甘孜，距离约160km，道路比上午要好些，但有些路段也很难走，用了五个半小时。途中查勘了泥曲上的泥柯水文站和达曲上的东谷水文站。由于塌方，原计划要看的泥曲仁达坝址只好临时取消。

　　泥柯和东谷水文站均建于2001年，都是南水北调西线工程的专用水文站。两站紧临公路，交通和生活条件尚可。东谷水文站由四川省水文局代为观测，站上住着一对夫妻，丈夫是汉族，妻子是藏族。每次考察都要到这个站上看看，并进行慰问。站里养有两只藏獒，看起来很凶猛。有一年考察时，一个同事曾被站里的藏獒咬过一口，到现在小腿上还留着一个深深的疤痕。

　　途中再次翻越奶龙山。此山为藏区十大神山之一，神奇之处在于山坡上碎石间的一块草地呈雄鸡图案，非常逼真。据说，藏历的鸡年这里会很火，来朝拜、转山的僧众和藏民特别多。

　　奶龙山山势雄伟，悬崖峭壁上洞穴众多，有僧人长期在洞穴里修行。半山腰有一个挂满经幡的小山丘，周围生长着茂盛的柏树，不仅

▲ 奶龙山（2013年）

是观看雄鸡的好地方，也是大家表达虔诚之意、敬献哈达的地方。我们在这里逗留了半个小时，献上哈达，留影纪念。

我曾三次路过这里，属这次天气最好，真正看清楚了雄鸡的真容，真可谓：

> 奶龙神山灵，千里赏我晴。
>
> 仙鸡然栩栩，古柏翠菁菁。
>
> 崖上现扎仓，洞中闻修行。
>
> 吾等献哈达，祈福求太平。

晚上8时30分到达甘孜，住县府招待所。根据当天的路况，我感觉次日的行程有必要调整。晚饭后，我和有关领导及当地的陪同人员商量了一下，建议次日取消对雅砻江干流热巴坝址的考察，这样可以节省大约三个小时的时间，免得行程过于紧张。他们赞成我的建议，并向主要领导做了汇报，领导表示同意。

十七、雅砻江秋色

考察第五天。行程为甘孜—雅砻江干流—玉龙拉措—石渠。

早上8时离开甘孜，晚上近8时到达石渠，全程约340km。

出甘孜后，沿雅砻江左岸上行约20km即到达峡谷出口处。雅砻江甘孜段河谷宽阔，谷地里刚刚收割或正在收割的青稞呈现出金黄色，到处都能看到正在吃草的牦牛。河对岸云雾缭绕的山顶上闪耀着皑皑白雪，山前坐落着金碧辉煌的寺院以及众多褐红色的扎仓，一幅金秋的草原雪山画卷呈现在大家面前，真美！这条路我以前曾走过两次，美丽的秋色还是第一次看到，也被深深地吸引。

峡谷出口处原来有一座吊桥跨越两岸，现在换成了水泥桥。站在桥上，技术人员介绍了雅砻江的基本情况以及调水坝址处的水文情况

▲ 甘孜雅砻江（2013年）

等。由于前几天一直下雨，从左岸陡坡沿河上行的道路比较危险，路途还比较远，决定不再查勘坝址。

听完介绍，车队驶过大桥沿雅砻江右岸的一条支流上行，前往石渠方向。途中必经的玛尼干戈是前往德格和石渠的三岔路口，也是一个旅游重镇。

甘孜到玛尼干戈河谷宽阔、水丰草绿，是川藏线上游客非常青睐的地方之一。这个季节，路上有很多转场的牦牛，看上去个个膘肥体壮、气宇轩昂。主人们一般是一家几口，少年骑在马背上，大人穿梭在牦牛中间，吆喝着牛群为车队让路，脸上似有自豪的笑容。此情此景真可谓：

> 云雾雪山下，秋色有深浅。
>
> 谷底青稞罢，坡上绿草繁。
>
> 牦牛驮肥膘，牧人带笑脸。
>
> 雅砻江水悦，欢歌向东南。

情为水长

▲ 转场的牦牛（2013年）

经过玛尼干戈必须去看看不远处的玉龙拉措（新路海）。它就在317国道旁边，距玛尼干戈约12km。新路海是一个由雪山、海子、草原共同组成的美景。面积不大，但非常经典，特别是雪山下的海子——玉龙拉措，堪称"高原明珠"。

天气晴好，雪线看上去比往年低些。雪山皑皑，海子蔚蓝，蓝天白云倒映湖中，草地上那顽强向上的野花、安详的牛马、悠闲的牧童以及河边那面山入定的僧侣，构成一幅宁静和谐的画卷。看到如此美景，自然会兴奋不已，惊叹大自然那超凡脱俗的魅力。真是一个纯净、神圣、和谐、壮阔的地方。

关于"玉龙拉措"的来历也有一个典故。藏语里"玉"是心的意思，"龙"是倾慕的意思，"拉措"是神湖的意思。相传藏族英雄格萨尔王的爱妃珠牡第一次来到湖边时，就被秀丽的湖光山色和幽静的环境所吸引，徘徊湖边，流连忘返。之后，她那颗善良的心就一直眷念着这片美丽的河山。后人为了纪念珠牡，就把此地称作

"玉龙拉措"。

极致的景色，美丽的传说，真可谓：

云杉苍翠花烂漫，湖水清澈山晶莹。

倘若珠牡不眷念，何来拉措称玉龙！

看完玉龙拉措，原路返回玛尼干戈，朝石渠方向前进。计划在途中的二牧场（曾经的国营牧场）吃饭。二牧场距离玛尼干戈约90km，要翻越一道分水岭。正如所预料的那样，路很难走，而且在山上还遇到了雨雪，到达二牧场时已是下午3时30分。二牧场只是个地名，午饭是在公路旁的小饭店里吃的，与牧场没有关系。

饭后继续赶路，天又放晴，沿途景色很美，但施工中的道路好一段差一段，130余km走了三个半小时，约晚上7时30分到达石渠县县城。县城海拔4268m，是四川省最高的县城，当地人戏称石渠县政府为"四川省最高人民政府"。石渠是本次行程中住的最高的三个地方之一，接下来要住的曲麻莱县、玛多县也在4200m以上。从市容市貌

▲ 途中景色（2013年）

看，这个地方与2004年相比又有变化，规模更大了，楼房更多了。

我是第一次住石渠县城，高原反应不大，这与途中的逐渐适应有关。县城有一家"李文学百货店"，之前考察时有人看到过，自然少不了跟我玩笑一番。在这样高的海拔，开个不伤大雅的玩笑，有助于睡眠，我并不介意。

十八、再到玉树

考察第六天。行程为石渠—玉树—曲麻莱。

全天行程约300km。由于青海境内的路况不错，晚上7时就赶到了曲麻莱。

早上8时离开石渠，前往玉树。途中与四川省的陪同人员告别，再次进入青海省境内。上午参观了三江源纪念碑，考察了南水北调西线工程三期调水坝址侧坊。

　　三江源纪念碑建成于2000年9月，它的揭牌标志着"三江源自然保护区"的正式设立。2011年考察河源时曾听过当地政府的汇报，说一期工程实施以来，河源区的年均水量与实施前一段时期相比增加了100多亿m³，影响因素可能很多，但水源涵养绝对有贡献。一期结束后还要开展二期，这有可能成为一个永久性项目，毕竟三江源是"中华水塔"，生态文明建设也是国家战略之一。

　　三江源是指长江、黄河、澜沧江的源头区，总面积约30万km²，是我国面积最大的自然保护区，贡献了长江水量的25%、黄河水量的49%、澜沧江水量的15%。区内山脉绵延、河流密布、湖泊沼泽众多、雪山冰川广布，可可西里及唐古拉山脉横贯期间，是世界屋脊——青藏高原的腹地。三次考察河源都拜谒了"三江源"纪念碑，敬仰之情一次比一次深。

▲ 再访"三江源"纪念碑（2013年）

▲ 通天河侧坊（2013年）

　　下一个点是通天河侧坊坝址，这是南水北调西线工程规划的三期水源地，规划调水80亿m³。坝址距"三江源"纪念碑约15km，这次走通天河左岸，路要好很多，来回只用了40分钟。这可能与玉树震后重建有关，路上看到不少运输建筑材料的载重汽车。

　　2010年4月14日，玉树发生7.1级大地震，震毁很严重，老城基本不复存在。2011年7月我曾陪同部领导考察过玉树，当时正在如火如荼地开展灾后重建，震毁的建筑还未完全清除，看上去很惨。这次再来，面貌焕然一新。重建工作基本完成，新城的规模比原来大了五六倍，巴塘河两岸全是崭新的楼房和宽阔的马路，广场和公共设施也增加了很多，城市面貌至少一下子跨越了20年。据当地人介绍，新城是按20万人的规模规划的，这个数字超过了玉树州现有人口的一半。

　　2011年7月在玉树调研时曾看过三个点，第一个是玉树城区。站在山坡上放眼望去，整个城区基本上是一片废墟。安置灾民的帐篷、灾后重建队伍的帐篷布满了整个河谷和山坡。当时我曾和一位藏族老人聊了一会儿，感觉他对地震灾害有着超乎常人的坦然，全然没有怨天尤人之态。这可能是这个民族特有的修炼。

▲ 释然的藏民（2011年）

当时看的第二个点是重建后的居民安置点，位于巴塘河河口与禅古寺之间。巴塘河是通天河的一个支流，在结古镇东边几公里处汇入通天河。2010年地震基本沿巴塘河走向，河边的禅古寺被震毁，有20多位僧人震亡。安置点在巴塘河右岸，紧邻山坡，看上去仍然不是个安全地带。之所以建在这里，估计也是无奈之举。

看的最后一个点是文成公主庙。文成公主庙在该居民安置点上游几公里处的一个山崖上，地震对其没有影响。文成公主于公元640年从长安启程进藏，一年后到达玉树。被当地景色所吸引，逗留了一段时间，并命工匠在崖壁上雕刻了九尊佛像。据说中间的一尊最大，看上去有点像文成公主本人。

▲ 巴塘河畔的居民安置点（2011年）

　　文成公主进藏后，另一位公主进藏时也路过了这里，并朝拜了佛像。到拉萨一年后她便产下一儿子。为表示敬意和谢意，公主令人在此建庙，保护佛像并命名为文成公主庙。该庙已有1300多年的历史，九尊佛像都保护的完好。

▼ 文成公主庙（2011年）

午饭后，主要领导临时接到通知，要到部里参加一个重要会议，直接前往玉树机场飞西宁，然后转飞北京。剩余的队员继续前行，赶往曲麻莱。

这是第二次到曲麻莱，与2004年相比情况变化很大，县城规模大了许多，盖了不少楼房，有了几家像样的宾馆。2004年住过的平房还在，政府的招待晚宴就放在这些老房子里，使我顿生亲切之感。

曲麻莱是黄河正源与长江北源的所在地，因此，号称"黄河源头第一县"。曲麻莱县城的海拔与石渠差不多，但这里更靠西北些，感觉更冷。晚上住在新建的宾馆里，条件还可以，睡的比较安稳。

十九、拜谒河源

考察第七天。行程为曲麻莱—黄河源头—玛多县。

早上7时30分离开曲麻莱，晚上11时多到达玛多县，全天行程将近500km。是本次考察中最辛苦的一天。曲麻莱至河源的距离约

▲ 翻越巴颜喀拉山（2013年）

240km，要翻越长江与黄河的分水岭——巴颜喀拉山。

　　头天夜里曲麻莱下了一场小雪，群山、道路和草地都被雪覆盖，白茫茫一片，异常的静谧。积了薄薄一层新雪的道路有点滑，大家的车子开的都很小心。翻越分水岭时停了停，下车眺望一下周边的环境，呼吸几口高原上清新而又湿润的空气。雪还在下，路上的积雪有2~3cm厚，能见度不高。这是我第二次从此地翻越江黄分水岭，上次是凌晨6时前后，雨夜里什么都没有看到，这次也不巧，雪雾中也很难看清真容。

　　过分水岭后雪停了，路面渐渐变干，车速终于可以提起来。上次越过的河流都还在，水流依旧清澈，只是稍大一些的河流上都修了桥，不需要再涉水通过。道路也比上次好很多，虽然不是水泥路面，但基本上都有沙石路基，还算平坦。这段路程上次跑了16个小时，这次只用了4个半小时，比心理预期要好得多。也许是跑的太快，我坐的车子发生了本次行程中的第一次爆胎。

　　江黄分水岭到约古宗列曲一带地势很开阔，一路上没有翻越太大的山岭。沿途看到不少野生动物，如野驴、黄羊、狼、鹰，看来这些年保护工作做的不错。三江源地区本来就是野生动物的天堂，种群繁多，家园辽阔，是人类干扰了它们，甚至猎杀了它们，才变得稀有。

　　大约12时到达河源，乡里的人们已经在路口等候多时。按照当地的风俗，自然要一一献上哈达和青稞酒。这种情景已经历过多次，但每次都有些感激，会按照当地的习俗谦恭地喝上三杯，并双手合十表示谢意。礼毕，车队在泥泞中向"黄河源"碑进发。路很湿滑，不少车子出现了"调屁股"现象，但最终还是整齐划一地停在了源头碑附近的草地上。

　　蓝天白云下"黄河源"碑巍然屹立，"黄河源"三个红色大字熠熠生辉，热情的藏民拉起了一条红色横幅，上书"欢迎来到黄河源"

▲ 一片诚意（2013年）

▲ 赤城之心（2013年）

和"Welcome to the Source of the Yellow River"两行金黄色大字。一切都那么神圣、协调、充满生机。第一次来的队友非常激动，而我更有游子归来之感。

与上次一样，考察队分别拜谒了"黄河源"碑和不远处藏民们认同的源头，但程序比上次简单，没有宣誓，也没有宣读铭文，只是分头敬献了哈达和青稞酒。仪式虽然简单，但心情却很虔诚，感念之心和着那蓝天白云，真是：

　　　　天空阳光灿烂，心情激动无限。

　　　　美酒浓郁飘香，哈达五彩斑斓。

　　　　至诚黄河儿女，献上深深祝愿。

　　　　恭祝母亲年轻，恭祝母亲平安。

"黄河源"碑附近也发生了一些变化，上次来时看到的那些民间组织立的小石碑已被全部清掉，旁边又多了一块胡耀邦同志题写的石碑（牛头碑处的题词）。另外，源头碑下方不远处的清泉也有了明显的标志。

▲ 胡耀邦题写的黄河源头（2013年）

　　献毕哈达，大家分头来到泉眼旁，掬一捧清凉的泉水，细细品尝其甘甜的滋味。泉眼只有拳头那么大，水清澈冰凉，周边还结着薄冰。有谁能想到就这点涓涓细流能够汇成泱泱大河，告别雪山、草原，穿越峡谷、盆地，流淌万里最终汇入大海。

　　2004年来时，我并没有注意到这股泉水（当时没有明显的标志），有心的同事倒是用矿泉水装了一瓶，一路带回郑州。后来，他请人用有机玻璃制做了十九条龙，龙嘴中含的玻璃球里都装了些源水。十九条龙送给了参加考察的十九位领导，我到现在还保存着这个珍贵的纪念品。

　　站在神圣的地方，自然会思绪万千，一首《黄河源》从心中油然而生：

　　　　一碑肇大河，八塔映双泉。

　　　　看似涓涓流，却为华夏源。

　　拜谒完河源，大家来到黄河源头第一小学所在地用午餐。上次拜河源也是在这里吃的午饭，不同的是，小学已经迁到了乡上，只留下几间房子。不变的是，乡亲们依然热情好客，牛羊肉依旧美味，青稞酒更加醇香。

▼ 八塔映双泉（2013年）

▲ 好客的牧民（2013年）

二十、奔赴玛多

　　下午3时离开河源，前往玛多县。河源到玛多县要经过麻多乡、星宿海、扎鄂两湖，距离约250km。整体讲，路况比上次要好的多，但星宿海一段仍然不好走，坑洼比较多，颠簸的厉害。可能因为降雨少，水好像少了许多，很多小海子已不见踪影，星宿海看起来没有上次那么美丽，星宿海附近有个格萨尔王登基台，是游客走这一路的必停之处。登基台是由一块形似莲花宝座的大石头形成的天然平台，平台前方是星宿海，平台上方建有一座寺庙、八座佛塔、一尊格萨尔王骑马的雕像，以及周长约800m的玛尼石圈和众多的经幡。2004年经过此地时曾做短暂停留，此次也不例外。

　　站在登基台上，平坦广阔的星宿海尽收眼底，仿佛能感受到当年英王登基时那波澜壮阔的场面。格萨尔王是藏民族的骄傲，更因为传说在此登基而令当地人感到由衷的自豪。

了解完格萨尔王在这一带的活动情况后车队继续前行，途中多次看到野驴和黄羊群。夕阳下的野驴看上去很漂亮，个个都很健壮、机灵、干净，机警地站在距离公路200m的地方，张望着车队和那些举着相机的不速之客。

到达牛头碑已是晚上8时多，夜幕已降临。但作为黄河人，不能过而不拜。为了表达敬意，大家还是上去敬献了哈达，欣赏一下万籁俱静的河源夜色和那高悬在湖面上的明月。

遗憾的是，在前往牛头碑的路上，有三辆车子的轮胎被施工者留下的钉子扎破。离开牛头碑后不久，先后发现轮胎出了问题，其中有两辆车子一下子爆了两个轮胎，同时需要更换五个轮胎，大家的备

▲ 健壮的野驴（2013年）

胎基本全部用上。算下来，当天共爆了七条轮胎，次日一早必须先补胎，否则路上将无备胎可换。

▲ 夜间换胎（2013年）

换轮胎耽误了一些时间，能看出来司机们都很劳累。天色已经很晚，安全第一，索性也不再着急赶路。到达玛多县城已过11时，大家草草吃了点饭，进屋后倒头就睡。

二十一、收官西宁

考察第八天，行程为玛多县—共和县—西宁市。

早上起来才发现这里的条件变化很大，宾馆是新修的，屋里有暖气，且安装有供氧设备。室温接近20摄氏度，供氧设备的显示器上显示着室内含氧量相当于海拔3800m的水平。怪不得晚上缺氧的感觉不明显。看到此等变化，禁不住有感而发，打油了几句：

两湖景色好，游人却不多。

行前曾告之，皆怕夜难过。

海拔超四千，氧气太稀薄。

昨夜又宿此，似乎没感觉。

倒头便入眠，醒来六点多。

宿者相互问，这是为什么？

原来条件改，宾馆多一个。

室室供氧气，屋屋都暖和。

海拔没有变，氧气不稀薄。

回去多宣传，玛多不难过。

　　早饭后，司机们先到修车店补轮胎，我们在宾馆等候。回想昨天的艰难行程以及路上的见闻，写下了《河源一天》：

朝辞曲麻莱，夜过星宿海。

夜行路干干，晨出雪皑皑。

星宿不见海，曲麻尚可来。

高原多变化，担忧在生态。

　　大约9时30分，车胎补好。先到玛多水文测验队看了看，然后前往西宁。下午2时到达共和，在共和吃午饭，约5时30分到达西宁。因为主要领导已提前离开，没有安排与地方座谈，考察总结会要等到回郑州后再开。至此，考察圆满结束。

　　一路走来，行程很紧，四川境内路况很差，但总体还算顺利。爆了七次胎，其他一切均好，没有人表现出特别的不适应。这条线路是第一次走，看的很全，时间也不是太长，感觉比较合理。对南水北调西线工程的考察情况，可以简单概括如下：

初秋九月上高原，三省五州看西线。

八河八库涵三期，星夜兼程行七天。

人土风情皆询问，水文地质俱查勘。

试图勾勒全观景，为有决策发言权。

二十二、匆匆半程

第二次考察河源是在2011年7月间，行程和时间都很短，没有到达正源，只能算作半程。考察从西宁开始，在共和、兴海、玉树各住了一个晚上，然后又在西宁结束。

那次考察由全国政协环资委举办，有两位部级领导参加，在西宁座谈交流时，全国政协的一位副主席也出席了会议。考察的主要内容涉及到三江源区水资源综合规划、青海湖流域水资源综合规划、黄河龙羊峡以上河段梯级开发方案等。出发前有关单位在西宁汇报了规划成果。令人欣慰的是，2004年以来，青海湖水位逐年回升，到2010年已超过历史平均值，第一次考察河源时对青海湖水位持续下降的担忧基本上可以消除。

考察的第一天由西宁到共和。早上8时从西宁出发，沿高速到海晏。路上间歇性地下着小雨，到青海湖看防沙工程时遇到了晴天，湖水特别的蓝，草地特别的绿，油菜花还正在盛开，与2004年来时看到的是两种截然不同的景色。

除了考察青海湖、草原和防沙工程，还在西海镇参观了原子城纪念馆和西部歌王王洛宾艺术馆。前者是励志教育、爱国主义教育基地，后者也可看作人生成长的教育基地。正可谓，成大事者，人生必不平凡，必少不了坎坷。意志坚定、坎坷相伴似乎是成大器者不可或缺的条件。

西海镇出名在于中国早期的核武器事业，也与西部歌王王洛宾有关。关于这片土地对于核事业的贡献在前文中已有叙述，而西部歌王王洛宾的故事还未曾交代。这里是他创作西部歌曲的起点，而一曲《在那遥远的地方》更使他踏上了西部歌曲创作的不归路，直至成为西部歌王。不仅对于西部而言王洛宾是伟大的，对于中国这个多民族

▲ 青海湖（2011年）

的国家，乃至对于世界而言，他都是伟大的。他的歌曲已跨越民族、宗教、文化的界限，被广泛喜爱。这恐怕是中国当代艺人中少之又少的，也可能是唯一的。

第二天从共和出发，沿途考察了塔拉滩、羊曲电站、唐乃亥水文站、班多电站、大河坝河流生态项目等。

塔拉滩位于共和县境内，紧邻黄河。总面积443万亩，整体成三级台阶状，按高程分为一塔拉、二塔拉和三塔拉。"塔拉"是蒙古语，意为平原或滩地草原。塔拉滩干旱荒漠化严重，是三江源地区受风沙危害最严重的生态脆弱区之一。近年来，塔拉滩被列入青海省荒漠化重点治理区域，已经取得了一些效果，与2004年看到的状态相比，草地的确要好些。

羊曲电站在龙羊峡上游，位于兴海县和贵南县交界处，设计装机容量120万kW，已经开工建设。班多水电站位于兴海县与同德县交界处，装机容量36万kW，已基本竣工。

▲ 了解唐乃亥水文情况（2011年）

▲ 唐乃亥黄河（2011年）

行程最累的是第三天。早上7时从兴海县出发，晚上10时赶到玉树，全天行驶约800km，基本上都在海拔4000m以上活动。途中察看了扎陵湖、鄂陵湖以及巴颜喀拉山两侧的黄河流域和长江流域。

▲ 大河坝河（2011年）

从兴海到玛多，明显感觉到路两旁的沼泽比2004年多，草地状况比以前好，野驴、黄羊等动物比以前多；从玛多到牛头碑看到的鄂陵湖水面也明显比2004年大。

▲ 考察组成员（2011年）

情为水长

第四天上午在玉树活动，主要调研地震灾后重建，下午乘飞机返回西宁。次日召开座谈会，讨论三江源区水资源综合规划、青海湖流域水资源综合规划、黄河龙羊峡以上河段梯级开发方案等。这是行程最短的一次，但真切感受到三江源保护所取得的初步成效，玉树地震所造成的灾难，对大自然的敬畏又增加了几分。

三次河源行，任务、线路、时间等均有所不同，收获和感悟也有差异，但留下的印象都很美好，记忆都很宝贵。在这里，我要特别赞美一下源水的精神和态度：

涓涓细流出草甸，一路欢歌向东南。

不恋彩云雪域美，只留甘甜在人间。

▲ 长江流域（2011年）

走进西线

2003年8月、2004年8月、2007年8月和2013年9月，我曾陪同有关领导四次查勘南水北调西线工程调水区，范围覆盖青海玉树州、果洛州和四川阿坝州、甘孜州，其中，第二次只走了半程，另外三次看的范围大致相当。因为与考察黄河源时行走的线路有重叠，重点回忆一下不重叠部分。

2002年底，国务院批复了《南水北调工程总体规划》，这标志着南水北调工程由论证进入实施阶段。总体规划的批复是一件振奋人心的事，几代人在南水北调西线工程所倾注的心血和汗水终于得到了国家层面的认可，西线调水从梦想到现实的距离又近了一步。规划得到批复后，大家都希望能够尽快开展下一阶段的论证工作，为此，水利部和黄河水利委员会多次组织对西线工程调水区域进行现场查勘，以了解当地的水文、地质、地形、地貌、经济、社会、生态、宗教等情况，我有幸四次参加，经历宝贵，收获颇丰。

一、背　景

南水北调西线工程前期工作的历程可以追溯到20世纪50年代初期。1952年10月，毛泽东主席第一次离京视察就来到黄河，在连续几天的现场调研和深思熟虑后，主席发出了"要把黄河的事情办好"的伟大号召，一句朴实无华的嘱托，成了几代黄河人孜孜以求的奋斗目标。考虑到黄河流域水资源量少的特点，时任黄河水利委员会主任王

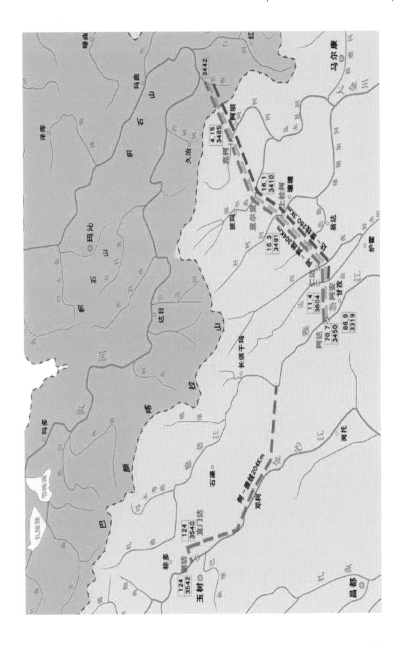

化云还向主席汇报了从长江上游通天河调水到黄河的设想，主席听后说："南方水多，北方水少，如有可能，借点水来也是可以的。"从此拉开了南水北调西线工程前期工作的序幕，也为黄河流域广大人民留下了一个跨世纪的梦想。

同年，黄河水利委员会便组织了从长江上游支流通天河调水入黄河的线路查勘，这是我国开展的第一次南水北调西线查勘工作。

1958～1961年，黄委联合相关单位又先后三次进行西部地区调水线路查勘，研究的调水河流包括怒江、澜沧江、金沙江、通天河、雅砻江、大渡河、岷江、涪江、白龙江等，开展了大范围的调水线路比选，涉及区域面积约115万km²，供水范围除黄河上中游地区外，还研究了东至内蒙古乌兰浩特、西抵新疆喀什的广大地区。规模之大，范围之广，内外业工作量之重，至今无人企及。后来社会上各类人士提出的各种西线调水方案基本上都没有超出这个范围。

▲ 栉风沐雨

1978年，五届全国人大《政府工作报告》正式提出"兴建把长江水引到黄河以北的南水北调工程"。1978～1985年，黄委又先后四次组织南水北调西线调水工程查勘，重点对通天河、雅砻江、大渡河引水线路进行研究，并提出先从技术难度小、靠近黄河的通天河、雅砻江、大渡河调水200亿m³的方案。1987年初，完成了《南水北调西线引水工程规划研究情况报告》。

1987年7月，原国家计委决定将南水北调西线工程列入"七五""八五"超前期工作项目，要求重点研究通天河、雅砻江、大渡河调水方案。技术人员先后比选了40个坝址、约200个抽水和自流方案，调水区范围缩小至30万km²。最后推荐从通天河、雅砻江、大渡河调水195亿m³，以长隧洞自流引水方式为主送入黄河的方案。1996年6月完成了《南水北调西线工程规划研究综合报告》。

1996年下半年开始规划阶段的工作，开展了地质勘测，增设了专

▲ 获取第一手资料

用水文站，进行了大量基础调研、专题论证和方案比选，重点研究了35个引水方案。在长期研究的基础上，总结提出了"下移、自流、分期、集中"的规划思路，确定了工程总体布局和总调水规模为170亿m³的三期建设方案。其中，一期从雅砻江、大渡河支流调水40亿m³；二期从雅砻江干流调水50亿m³；三期从通天河调水80亿m³。

2003年，南水北调西线工程一期项目建议书阶段工作正式启动。期间，领导和专家数次到现场进行查勘，努力推动前期工作。一晃就是十几年，南水北调中线、东线工程均已建成通水，西线工程仍处于论证阶段，虽经历坎坷，论证工作却从未中断。

本文将根据时间顺序，重点叙述2003年和2007年两次查勘的见闻，2004年查勘只走了半程，有关内容会在文中穿插介绍。

二、启　程

2003年的查勘为南水北调西线工程进入项目建议书阶段后开展的首次查勘，由水利部总工程师带队，成员来自水利部有关司局、水利规划总院、黄委有关部门和单位，共21人。历时8天，驱车2000余km，途径都江堰、汶川、茂县、松潘、红原、阿坝、班玛、壤塘、色达、甘孜、炉霍、道孚、康定、泸定、天全，再回到成都，走了一圈。从北到南依次查勘了大渡河支流克柯河、玛柯河、杜柯河和雅砻江支流泥曲、达曲。

查勘第一天，行程由成都至松潘。

早上8时，考察队在成都金牛宾馆举行了简短的出发仪式，8时15分出发。这是我第一次上高原，也是很多人的第一次高原行，对于青藏高原的向往由来已久，终于有机会踏上这块美丽而又神秘的土地，心情自然都很激动。

　　车队出成都后直奔都江堰，然后沿岷江溯流而上，途径汶川、茂县至松潘，由成都平原，进入川西北高原。汶川属于阿坝藏族羌族自治州，地处自治州的南缘，藏羌族人口约占60%。进入汶川县界便有了进入藏区的感觉，阿坝州的领导在路边相迎，给大家一一献上了本次查勘途中的第一条哈达和第一碗青稞酒。这是民族礼节，更有种宾至如归的感觉。

　　当年都江堰到汶川的高速公路还未修通，不太宽的国道基本上沿岷江两岸蜿蜒前行。汶川县沿岷江河谷的大部分地区植被较好，峡谷

▲ 出发（成都金牛宾馆，2003年）

切割很深，两岸山坡陡峭。茂县境内植被较差，且在县城附近存在干热河谷（指高温、低湿河谷地带，植被稀少，土层裸露）。

进入松潘县后，海拔升高到2000m以上，山势绵延，植被良好，有些地方还比较开阔。境内最高的山是岷山主峰雪宝顶，海拔5588m。虽已盛夏，但山顶仍有积雪，远远望去，雪线以下的山体灰蒙蒙的，估计是经过长期反复冻融的岩石。

松潘县也属于四川阿坝藏羌族自治州，县城海拔2850m，境内有著名景点黄龙风景名胜区、牟泥沟风景区、红军长征纪念碑碑园和毛尔盖会议遗址等。由松潘县城沿岷江上行约20km便是川主寺镇，继续溯流而上可至岷江源头弓杠岭（海拔3727m），过分水岭则进入嘉陵江的支流白水江。岷江源头有东西两条支流，在川主寺镇交汇，东支为正源。

岷江是长江的重要支流之一，也是成都平原的主要灌溉水源。流域面积约13.5万km^2，干流长约735km。进入成都平原前，年径流量约145亿m^3。至乐山市东，大渡河加入岷江，水量大增，年均径流量约780亿m^3。接纳大渡河后的岷江在宜宾市与长江交汇，年均水量约900亿m^3。都江堰以上的岷江干流建有不少水电站，沿途看到过几处，规模都不大。

这是历次考察中唯一的一次从成都乘车前往川主寺镇，2004年川主寺镇附近的九黄（九寨沟、黄龙）机场投入使用，之后的几次考察都是乘飞机往返于川主寺和成都之间，便利了许多。

晚上住川主寺镇。川主寺镇因川主寺而得名。川主寺始建于1270年，曾是一个规模宏大的寺庙，"文化大革命"期间寺院和财产遭到损毁，只有部分文物和经书得以保存。由于地处九寨沟景区、黄龙景区、若尔盖大草原的中心位置，如今镇比寺更有名气。

以前来过的同事路上一再讲，在川主寺镇过夜会有不适之感，虽然海拔不算高（2900余m），但这是到高原的第一个夜晚，有些人会有比较强的反应。还好，夜间大家都睡得挺好。

2004年8月考察南水北调西线时走的也是这条线路，当时九黄机场已通航，考察队由成都直飞川主寺。那是一次技术性更强的考察，成员中有院士和大师，其中年龄70岁以上的有好几位。为适应海拔变化，考察队在川主寺活动了一天多，查勘了岷江源、九寨沟、黄龙等地的生态情况，然后从川主寺出发，经红原、阿坝、班玛到壤塘，再从壤塘到马尔康，经米亚罗、汶川、都江堰回到成都，查勘了阿柯河、玛柯河和杜柯河三条河流，大部分行程与第一次考察重叠，但收获不完全一样。

▲ 岷江源（2004年）

三、初见若尔盖

查勘第二天，行程为川主寺—若尔盖草原—阿坝县县城。

早上8时离开川主寺，沿岷江源头西支上行，过尕里台垭口，进入若尔盖草原。垭口海拔3800m左右，过垭口后藏族的游牧气息扑面而来，到处都是羊群、牦牛群和牧民们那白色和黑色的帐篷。

过垭口前行约100km，进入红原县的瓦切乡，这里属于黄河支流白河流域。瓦切乡正在搞牧民集中定居试点，新建的房舍集中连片，造型基本一样。沿白河上行约40多km是红原县县城所在地，红原因当年红军长征经过这里的大草原而得名。这是进入高原见到的第二个县城，看起来规模不小，周边有不少供游客们玩耍的坝子，坝子上有很多颜色鲜艳的帐篷和盛开的格桑花，美丽中隐藏着一种宁静。中午在县政府招待所吃午饭，菜很辣，很合我的口味。最好吃的是烤土豆，小小的个头，外焦里嫩，蘸上点盐巴和辣椒面，清香可口。2004年考察时，午饭也是安排在这里，饭菜基本一样，但多了一些亲切感。

午饭后继续前行，景色越来越美，草原和河曲缠绵在一起，共同哺育着成群的牛羊，眷恋着蓝天和白云。大约下午3时，在距阿坝县

▲ 尕里台垭口（2003年）

麦尔玛乡约10km的地方，见到了阿坝县县委书记及班子成员，他们早已在路边迎候。按照习俗，依次给大家献上了哈达和青稞酒，稍事寒暄之后，车队继续前行。

　　按照计划，车队从麦尔玛下道前往黄河的支流贾曲，察看西线隧洞出口的位置和位于贾曲的明渠线路。从麦尔玛到隧洞出口处约50km，路不太好走。贾曲是黄河的一级支流，集水面积不大，地形比较开阔，流程比较短，多年平均水量约8亿m³。前往贾曲需要翻越长江与黄河的分水岭巴颜喀拉山，垭口海拔约3800m。这是那次考察中唯一的一次翻越江黄分水岭，之后几天的活动均在长江流域。

　　大家在河曲里听了情况介绍，并眺望了一番隧洞出口处的地形地貌，然后前往勘探现场。刚刚下过雨，河岸边山坡上那窄窄的道路非常泥泞，车子行驶时有打滑现象，大家都捏着一把汗，生怕滑入河中。

▲ 红原（2004年）

▲ 贾曲（2003年）

大约下午6时到达勘探人员住地，有近20个勘探人员在现场等候，见了大家如见了亲人一般，特别激动，特别高兴。长期在高原工作，他们的脸被紫外线很强的阳光晒的黑红，但个个都很精神。带队的领导察看了队员的办公场所和生活设施，进行了慰问，并热情洋溢地感谢大家能在这样艰苦的环境下努力工作。

▲ 贾曲勘探现场（2003年）

现场工作人员的房东是一户藏民，得知我们要来也很激动，准备了不少吃的，有牛肉、水果、奶茶、点心等，非常热情地邀请我们到他家里做客。盛情难却，部分人员进屋坐了坐，并对一家子给予现场工作的支持表示感谢。

由于路滑，天黑以前必须通过来时经过的危险地带，不敢多逗留。谢天谢地，所有车辆顺利通过。晚上8时多回到麦尔玛旁边的公路上。

进出贾曲来回虽然只有140余km，却用了将近5个小时，远远超出原来计划的3个小时，到达阿坝县城已是晚上9时。当天的行程提醒我们，接下来的计划在时间安排上要考虑的宽裕些，不定会遇到什么状况，耽误行程。

在路上颠簸了13个小时，最累的是司机。途中曾两次爆胎，耽误了一点时间。据说，行走这一线，爆胎是件很平常的事，2001年有个考察组，4天爆了12次胎。看来，接下来的几天这种事情还会发生。

阿坝县城海拔约3300m，高原反应不太强烈。住下后，队医给大家量了量血压，我的血压为96/136，低压略偏高。

▼ 初上高原（2003年）

　　吃完晚饭已是10时多。带队的领导召集会议，研究考察报告起草事宜。会议确定报告初稿由我们单位起草，等到达康定后讨论。会后我们单位的同志们又开了个短会，对考察报告起草一事进行了分工，并再次强调了接下来的查勘中应当重点注意的事项。结束时已是深夜12时多，简单洗刷一下，抓紧休息。为防止夜间头疼，睡觉前我吃了一片阿司匹林，据说管用。

　　全天的行程虽长，但大家都很兴奋。我想原因有二：一是初上高原，草原那独特的风景给大家带来了一种不曾有过的愉悦，心情都很激动；二是认为心中对南水北调西线工程那久久的期盼将要变成现实，有点天要降大任于斯人的自豪感。

四、辽阔阿坝

　　查勘第三天，行程为阿坝—克柯河—阿坝。

　　早上起来有点惊奇，昨晚竟然没有太大的高原反映，睡的挺好。

▲ 准备出发（2003年）

　　8时整出发，前往克柯河考察水文站和勘探现场。当天天气特别好，看到的是高原上那种典型的蓝天白云景色。阿坝县城沿克柯河呈带状铺开，四周被群山环抱，但地形开阔。青稞、草原、牛羊群、毡房，颜色鲜艳的藏族民居，庄严恢弘、金碧辉煌的寺庙，峰峦起伏的群山，等等，与蓝天白云构成一幅美丽而祥和的画卷。这种景象也只有在高原才能看到，置身其中，人的心情会显得特别的轻松。

　　上午考察克柯河上的引水坝址和水文站。克柯河是大渡河的支流，根据规划，南水北调西线一期工程要从这条河流调水。为了弄准水文情况，2003年在坝址下游的安斗乡设立了专用水文站。克柯河的引水坝址距安斗乡约15km，距离阿坝县城约50km。县城通往安斗乡的路还可以，从安斗乡到坝址的路是西线工程项目外业组雇人修的，比较简易难走，车子只能沿着河岸边的土路缓慢爬行。虽然当天天气晴朗，但头天的雨还是造成一些路段有些泥泞。

　　在距坝址约3km处，有辆车子的后轮陷入了碎石堆砌的崖边，非

▲ 通往坝址的道路（2003年）

常危险。由于场地狭小，无法用其他车辆救援，只好人工抢险。十几个人用钢丝绳前拉后推，终于使三吨多重的越野车脱离了危险。

大约10时30分到达坝址，项目组介绍了区域地质情况及规划的建筑物，考察组察看了大家的生活设施，并进行了慰问。在坝址附近看到的是高山草原，山坡比较缓，有少量的乔木，几乎看不到灌木。蓝天白云，草绿水蓝，非常美丽。

在这里工作的主要是勘探人员，帐篷就搭在河边的高地上，条件很简陋。帆布帐篷，钢丝床，地上有点潮。炊具很简单，但菜、肉都有，还有晾干的小鱼。据说，这些鱼是从河里捞来的，个头有十余厘米长，很好吃。

从坝址处可以看到年宝玉则山顶上那美丽的雪山，正是阳光斜射的时候，雪山熠熠生辉。年宝玉则是当地著名的神山，位于青海省久治县境内，主峰海拔5369m，山顶终年积雪。

▲ 慰问勘探队员（2003年）

▲ 克柯河（2003年）

约11时沿原路返回，在安斗水文站停了停，了解一下测站的建设
情况并慰问了驻站职工。

克柯河是大渡河的二级支流，流域面积不大，但河里的水量却
相当可观。看着眼前的滔滔清流，想着黄河同等规模的支流都基本干
涸，心里很不是滋味。真羡慕这里的清流，多么希望长江、黄河这两
条巨龙能够早日牵手，缓解西北地区水资源短缺问题。

大约下午1时回到阿坝县城。下午的行程很轻松，安排先参观县
城的格尔登寺，然后查勘初选的前方基地场址。

格尔登寺位于阿坝县城的西北角，建于1870年，其前身为洞沟
寺。该寺是阿坝县境内规模最大的藏传佛教格鲁派寺院，占地面积1.8
万m²，寺内有14位活佛、1000余僧人。大经堂可容纳数千僧众同时
诵经、祈祷，规模在藏区屈指可数。作为四川境内最大的格鲁教派寺
院，格尔登寺设立有四大学院，高僧学者云集。寺内僧人重视学业，

▲ 祝福（2003年）

严持戒律，精修各种佛法。据介绍，僧人们在学习经文的过程中，会常常举行辩经活动，一个人或几个人立下辩题，另一人或几人进行质问，你问我答，唇枪舌剑，以达到熟谙经典、开启智慧的目的。

大家在寺院里停留了半个多小时，参观了大经堂，接受了活佛的祝福（给每个人的脖子上系了根红丝带），之后驱车到城西查看初选的基地场址。

初步考虑在阿坝、壤塘、甘孜建设三个前方基地，用于存放设备、岩芯、资料等，同时也给前方工作人员提供一个转场休息的地方。这个想法是刚提出来不久，最后如何定夺还需要进一步研究。这次来，只能算作一个前期考察。

约下午4时结束全天的查勘活动，回到房间后感觉有点头痛，可能是高原反应。量了量血压，98/140，有所升高。睡了一会儿，头还有点痛，吃了片止痛药（阿司匹林）。

▲ 俯瞰阿坝（2004年）

　　第一次到高原，第一次到阿坝。阿坝地处川、甘、青三省接壤处，地理位置重要，历史悠久。据说阿坝的藏语意思是"鼓形地"，而境内的克柯河、若柯河则是系在鼓两端的两条绳子。自古以来阿坝就有藏族部落居住，境内寺庙众多。走在阿坝的街道上，能看到身着深红色僧袍的僧人成群结队，藏区特色很浓。

五、美丽班玛

　　查勘第四天。行程为阿坝—玛柯河—班玛县。

　　早上8时离开阿坝前往青海省的班玛县。出阿坝县城翻越克柯河与玛柯河的分水岭后，进入玛柯河的支流泽曲，海拔由3800m逐渐降低到3000m左右。随着海拔的降低，植物种群发生明显变化，由高原草甸逐渐变为灌木、针叶乔木、阔叶乔木，最后到河谷两岸的森林地带。整个河谷地区植被很好，水量丰沛，水流湍急，浪花四溅，看起来比克柯河的水量要大的多。

玛柯河（麻尔柯河）发源于青海省玉树藏族自治州境内的阿尼玛卿山山脉，为大渡河的正源。玛柯河与阿柯河在阿坝县境内汇流后称足木足河（亦称麻尔曲），足木足河在马尔康县境内与绰斯甲河汇流后称大金川，大金川在丹巴县接纳小金川后始称大渡河。大渡河在乐山市东南入岷江，全长1062km，流域面积7.77万km^2，实为岷江正源。由此说来，玛柯河实际上是岷江的正源。

▲ 玛柯河泽曲入汇口（2003年）

从泽曲入汇口沿玛柯河上行约30km，便到达四川省与青海省的分界线。交界处建有一公路桥，取名友谊桥。阿坝县城到友谊桥的距离约80km，路面不是太好，但景色很美。沿途查勘了地质地貌，了解了过去的漂木情况，走走停停，用了4个多小时。

青海省及班玛县的领导早已在友谊桥迎候，见面时同样要一一献上哈达和青稞酒。大家都注意到，献酒的藏族同袍中有一位卓玛长的特别漂亮。据说她是个小学音乐老师，父母都是县里的干部。2001年领导来考察时，她也曾出面接待，个人素养很好。

友谊桥距亚尔堂乡约60km，距班玛县城约90km，是一段由碎石铺就的道路。青色的薄石片很多，快速行进中的车子如果急刹车很容易引起爆胎。这是来过这里的人总结出来的经验，司机们都相信这个说法，一路上把车速控制在每小时30km左右。

到达亚尔堂乡已是下午2时，现场的地质勘探队员已准备好午餐，有捞面条、大烩菜、烧饼等，典型的河南饭菜，个个都吃得特别香。可能大家还是不太习惯高原上的牛羊肉，连吃几天后能换换口味感觉特别好。

午饭后查勘初选的扎洛坝址和亚尔堂坝址。扎洛坝址就在亚尔堂

▲ 友谊桥（2004年）

▲ 可口的午餐（2003年）

乡政府所在地，开挖有勘探洞，大家进去看了看围岩情况，并询问了一些地质问题。亚尔堂坝址距乡政府约4km，也开挖有勘探洞，但洞口在公路上方100多m处。考虑到在海拔3400m的地方攀爬100多m是个挑战，大家就没有上去，只是听了听介绍。地质情况与扎洛坝址基本一样，只是地形有所差别，站在路上便一目了然。

▽ 扎洛坝址（2003年）

▲ 扎洛坝址（2004年）

玛柯河两岸山高谷深，植被茂盛，景色宜人。亚尔堂一带曾有个国营林场，是县财政的主要来源。禁伐之前，玛柯河很重要的一个功能就是漂木，伐下的树木要通过河流漂到下游交通条件较好的地方，然后再装车运往各地的木材市场。因此，在规划阶段对漂木问题有过专门研究。现在看来，这项功能已不需要。

亚尔堂乡到班玛县城还有30余km，公路沿河而修，河边有村庄、寺庙和零散分布的坝地。距县城约2km处有一个很大的天葬台，坡跟前全是经幡，山坡上有成群的秃鹫在盘旋，远远便可看见，规模宏大，庄严肃穆。大家在路边停了停，了解了一下藏族的殡葬文化。与汉族不同，他们的殡葬分为水葬、土葬、火葬和天葬，其中天葬最受人尊敬，因为，逝者把肉体贡献给了生灵，只留下灵魂。但不是每个人都可以天葬，据说暴毙的人就不可以。

距县城1000m处有一座桥，南水北调西线专用水文站就设在桥上游。按计划停车了解了一下情况，并进行了慰问。站址距离县城很近，生活很方便。

晚上住班玛县招待所，是个三层小楼。县城规模很小，但街道很干净，海拔约3500m，是这次考察中住的最高的地方。

2004年考察时也查勘了扎洛坝址，几位70多岁的老专家特别认真，不仅踩着泥水查勘了勘探洞，还在现场进行了热烈的讨论，特别是长江委设计院的勘测大师崔政权老人，给大家讲解了许多，以至于劳累过度，当天晚上在壤塘突发重病，不得不连夜送往马尔康救治。

六、宜人壤塘

查勘第五天，行程为班玛县城—友谊桥—壤塘县城。

当天的行程比较轻松，因前期暴雨造成道路中断，无法前往原计划的杜柯河考察点，只好安排下午检查岩芯库、开会研究考察报告大纲。没能查勘杜柯河，自然有点遗憾，但这个遗憾次年便被消除了。

早上8时离开班玛县城，沿昨天过来的道路返回到友谊桥，离开青海，再次进入四川境内。四川的陪同人员已经提前在友谊桥等候。

出玛柯河河谷进入壤塘境内后，路况好了许多，基本是柏油路，这是通往阿坝州州府马尔康的省道。沿着玛柯河支流热尔卡河向上到达玛柯河与杜柯河的分水岭，进入杜柯河流域。分水岭高程约3800m，逐渐下行到海拔3200m左右，就是壤塘县县城所在地。

县城紧临杜柯河，面积可能不足$1km^2$，常住人口2000多。城内只有一条街道，建筑物颇有内地风格。县政府招待所规模很小，安排30个人都有困难，因此部分人员只能住旅馆。一看就是个山区县，招待所的院子里堆着高高的柴火垛（取暖和做饭用），饭厅里存放着大量的野山菌，生活气息特浓，对于我这个出生在山区的人来说有着一种自然的亲切感。

▲ 友谊桥再会（2003年）

　　壤塘是个国家级贫困县，据说2002年人均年收入只有840元，没想到会这么贫困。靠山吃山，以前县财政收入主要来自木材，禁伐之后则主要靠牧业。站在县城的街道上，还能看到对面山坡上伐木后留下的树桩子，成片成片的，如梅花桩。没有了大树，山坡上显得光秃秃的，看起来令人遗憾。在这里工作的外业队员与县上的关系处理的很好，工作生活得到了县里的大力支持。据说，县领导都希望南水北调西线能够尽快上马，以促进当地经济发展。

　　下午先看岩芯库，然后开会研究考察报告大纲。

▲ 查勘岩芯库（2003年）

晚上县里招待，很热情。由于海拔低、植被好、含氧量高，大家消除了戒备心理，心情都很放松。

比较而言，壤塘县城海拔略低，给人的感受确实比周边几个县城好，外业队伍转场时一般都会在此休整几天。另外，这里的位置也相对优越，正好处在五条调水河流的中间一条上，是转场的必经之地，外业人员强烈推荐在此设立前方基地。据说，当地政府很支持这个想法，希望我们能把这里当做一个主要基地。后来的几次考察都在这里住过，大家反映也很好，包括气候、环境和人。

2004年考察时在壤塘住了两个晚上。头天查勘完玛柯河后未住班玛县城，直接赶到壤塘。第二天查勘了杜柯河专用水文站、上杜柯坝址、岩芯库等，并慰问了外业工作人员。

与班玛县的玛柯河不同，杜柯河山谷在这一段比较开阔，河流两岸有不少坝地、草原，山坡上散落着颜色鲜艳的藏民居和经幡。沿河

▲ 在上杜柯坝址慰问（2004年）

▲ 查勘杜柯河（2004年）

▲ 美丽的杜柯河谷（2004年）

还有颇具规模的上杜柯乡和几个寺院。当日天气晴好，到现场的道路畅通，行程顺利，是很有收获也很开心的一天，安排在草坝子的午餐更是令人难忘。鲜美的牛羊肉，醇香的青稞酒，热情好客的主人，端庄大方的卓玛，清澈的河流，飘逸的白云，使大家陶醉在优美的环境和融合的民族氛围中，忘却了疲劳，远离了喧嚣，一切都很美好！

遗憾的是，头天晚上发生了意外。由于高原反应、基础病和劳累过度，崔政权大师到壤塘后就感觉不适，出现发烧、呕吐症状。到了夜间，情况恶化，当地领导随即安排了救护车，连夜送往马尔康。医院检查结果显示大师肺部有阴影，建议住院。但大师本人认为问题不大，坚持要等考察队隔天到达马尔康后一同回成都。几天后他回到工作单位，到医院再次检查，确诊为肺癌晚期。这是件非常不幸的事。次年12月初，他那颗不知疲倦的心脏停止了跳动，享年71岁。据说，大师是个勤学、敬业、爱民的人，一生有不少骄人的成就，特别是对三峡工程建设的贡献。可惜去世的太早。

2004年的现场查勘到壤塘结束，然后奔赴马尔康，经马尔康、都江堰回成都。沿途了解了大渡河双江口和岷江紫坪铺的情况。

七、金马草原

查勘第六天，行程为壤塘—色达—甘孜。

原计划在色达县城住一个晚上，由于海拔接近4000m，住宿可能会感到难受，便调整了计划，晚上住甘孜。

出壤塘县城后，沿杜柯河下行至色曲河口，然后再沿色曲上行至色达县城。

前半段路程是通往州府马尔康的省道，路况不错，峡谷水流清澈，两岸山色宜人，两河交界处有一群寺庙，依河岸而建，一塔高耸，万塔簇拥，神秘肃穆。后半段路程基本沿色曲行进，河流不大，景色沿河流而变，也很美。色曲下游植被丰富，有乔木、灌木、草地，也有青稞，农牧结合。向上游走，沟谷逐渐开阔，地势变得平坦，放眼望去，全是草原。

色达藏语的意思是"金马"。据说，历史上色达境内曾出土过一块形状似马的金块，因而取名金马。这里的确盛产黄金，也是全国十大草原之一，因此，色达也被称为"金马草原"。全县面积约9339km²，人口约5万，差不多每平方公里约5人，可谓地域辽阔，人口稀少。

中午县里招待，同样很热情。县水利局局长格桑是个藏族同胞，身材魁梧，面部轮廓很深，号称典型的"康巴汉子"。他身着藏袍，腰间佩戴着藏刀，看起来很威风，人也很热情、豪爽。考察组的成员都有着与他合影留念的冲动，他也很高兴能为大家当一回"模特"。

▲ 色曲河口（2004年）

▲ 洞嘎寺的活佛（2003年）

不少人还借用了他的藏胞、毡帽和藏刀，当了一回"康巴汉子"。我当然也在其中，可惜身材不够魁梧，完全没有"康巴汉子"的风度。

午饭后顺访洞嘎寺。色达县历史悠久，宗教文化博大精深，是个藏传佛教寺庙比较集中的地方，境内红教（宁玛派）寺庙居多，洞嘎寺就是代表之一。洞嘎寺位于县城西边的一座神山上，创建于1686年，大殿建筑面积约800m，高约10m。殿内塑有释迦牟尼佛像一尊，壁画色彩鲜艳，红柱上雕龙刻花，气氛庄严肃穆，气势雄伟壮观。

寺内的活佛慈祥和善，给大家一一戴上哈达，并带领大家参观了寺院，比较详尽地介绍了寺院情况。听罢介绍，颇受感动，领导带头，大家响应，每人都向功德箱里敬献了一点心意。

离开洞嘎寺，车队翻越色曲与泥曲的分水岭（也是大渡河与雅砻江的分水岭），下到泥曲河谷，查勘初选的纪柯坝址。坝址处挖有一条几百米长的勘探洞，考察组在坝址处听取了有关汇报，进洞查勘了地质情况，并进行了简单的技术交流。泥曲是雅砻江的二级支流，发源于青海达日县，流经四川色达县和炉霍县，在炉霍县境内与另一条二级支流达曲汇合后称鲜水河，鲜水河再流经炉霍、道孚后，于雅江县的两河口处汇入雅砻江。

查勘完纪柯坝址原路折返，然后翻越奶龙山，进入达曲。达曲发源于四川石渠县，流经色达、甘孜，在炉霍与泥曲汇合。奶龙山是泥曲与达曲的分水岭，垭口高程4683m，是本次查勘途中翻越的最高分水岭。山顶没有积雪，大部分为常年冻融风化的岩石，看上去灰蒙蒙的。站在垭口，有寒风螫脸的感觉。很多人都是第一次站在海拔这么高的地方，免不了有些激动。把路上收获的哈达系在柏树上，对着神山高喊几声，绕着玛尼堆走上一圈，拉个同伴合个影，似乎都是一种情不自禁的行为。一番激动之后，脚底有点不稳，似有轻飘飘之感。

▲ 奶龙山（2003年）

离开奶龙山后前往甘孜县城，途中考察慰问了东谷水文站。这也是为南水北调西线专门设立的水文站，2001年投用，由一对夫妻值守。站房建在达曲左岸、省道边上，附近就是四通达乡，距离甘孜县城约60km，生活和交通还算便利。

大约下午5时30分离开东谷水文站，翻越洛戈梁子，进入雅砻江干流，到达甘孜已是晚上8时。又是行程比较紧张的一天。至此，西线一期工程的调水区已经看完，对整体情况有个大致了解。接下来的两天，主要任务就是赶路。

八、收官成都

查勘第七、第八天，行程为甘孜—康定—成都。

早上8时多从甘孜出发，翻越洛戈梁子进入鲜水河流域，沿鲜水河而下经炉霍、道孚、八美，翻越橡皮山，再翻越雅砻江与大渡河的分水岭折多山，下行到康定。沿途地形、地貌多变，景色宜人，尤其

▲ 鲜水河边的娃娃们（2003年）

是八美镇和塔公草原。

据记载，1973年2月6日，炉霍县曾发生过7.6级地震，影响区域波及甘孜、道孚、色达、新龙、壤塘等县，沿途曾看到那次地震在鲜水河两岸留下的滑坡体。南水北调西线工程前期工作中，曾对这一带的区域稳定性做过分析，认为不影响工程建设。

康定是个规模不大的城市，地处峡谷，瓦斯沟穿城而过，与想象中的模样反差较大。耳熟能详的《康定情歌》很容易使人联想到这里是个美丽的草原，其实不然。当然，康定境内不乏草原，比如著名的塔公草原。城市虽小，第一印象不错，沿着城中的瓦斯沟走走也很有情调。

▲ 翻越折多山（2003年）

▲ 泸定桥（2003年）

考察队在康定停留了一天，上午考察木格措，下午讨论考察报告初稿。木格措藏语的意思为"野人海"，又名大海子，是川西北大型高山湖泊之一。湖面海拔约3700m，水域面积近4km^2，湖水最深处有70多m。湖周围山峰高耸，山顶多有积雪，山水相映，景色宜人。

8月9日，查勘的最后一天。行程为康定—泸定—天全—成都。

早上7时出发，大约11时到达泸定县城。过泸定必看泸定桥。该桥建于1705年，是一座横跨大渡河的铁索桥。1935年红军长征时曾经过这里，在枪林弹雨中"飞夺泸定桥"，打开了北上抗日的通道，在红军长征史上留下了浓墨重彩的一笔。对于这样具有重大历史意义的风景名胜当然不能错过，听听历史，体验一下天险，为英雄献上一份敬意，是应有之举。

摇摇晃晃走在桥上，看着脚下十几米处那滚滚激流，心里还真有点胆怯，但没有一个人半途而废。看完泸定桥后开始翻越二郎山。二

情为水长

郎山是青衣江与大渡河的分水岭，海拔3437m，号称"川藏线上第一山"，山势雄伟，层峦叠嶂。因道路陡峭、易遇塌方，曾经令司机们畏惧。当天运气不好，出泸定10余km就遇到泥石流，车队被迫停在半山腰上。这是我第一次见到泥石流，虽然规模不大，但还是很壮观。直径一米大小的石头被泥浆裹着冲下沟底，能听到隆隆的响声。

遇到这种情况只能坐等其过程结束。两个多小时之后，泥石流变成了泥水流，赶来救援的推土机把路上的泥沙和石块清理了一下，基本可以单向通过。对面的军车队在执行任务，自然要让他们先行，之后大家依次通过。由于这个变故，中午只能在路上吃些方便面。

过二郎山后路况有所改善，水泥路面，比较宽，但仍然是坡陡弯急。沿路有不少地方溪流飞泻而下，直达路面，看来也刚下过雨。

下午6时多到达成都金牛宾馆，为期一周多的高原之行顺利完成。晚上举行了一个小小的庆祝会。次日，大家在队旗上签名留念，队旗将作为此次考察的永久性资料，保存在单位的档案馆里。

▲ 豪迈一签（2003年）

这是我第一次参加南水北调西线工程查勘，最大的感受是调水区河流众多、水量丰沛、植被良好、人口稀少，水源地海拔3500m上下，虽然缺氧，但修建工程难度应该不大。

考察路上听到很多感人的故事，前辈们为南水北调西线工程前期工作不只是挥洒了汗水，有人更是献出了宝贵的生命。如刘海洪，1958年查勘金沙江时，乘坐的羊皮筏子翻入水中，不幸遇难；杨广成，一个26岁的大学生，因为赶工劳累成疾，于1990年7月12日把年轻的生命永远留在了青海治多县。

早期考察西线绝对没有这么容易，需要自带帐篷、炊具、粮食、燃料等，主要交通工具是租借来的马匹。跋山涉水、忍饥挨饿是常有的事，甚至遇到过风雪围困、熊口脱险等情况。如：刚毕业的女大学生因连日骑马磨破屁股，伤口长时间无法愈合；男青年因马蹄踏空摔破脾脏，不得不星夜兼程从红原县送往兰州医治；老专家雪地里遭遇黑熊，机智地躲过危险；高原急病造成心率数日保持在每分钟180余下，不得不送往成都抢救；等等，感人故事枚不胜举。

▲ 跋山涉水

从1952年开始到现在，60多年的征程，参与南水北调西线工程前期工作的人员已延续了几代，足迹更是遍及青藏高原大大小小上百条河流，在100多个方案必选的基础上提出了现在的分三期实施的方案，为梦想到现实奠定了坚实基础。我们属于站在前人的肩膀上、离实现目标更近的一代，当然应该抓住机遇，扎实工作，努力推动工程早日开工，为造福西北广大缺水地区做出应有的贡献。

九、赶赴德格

2007年8月中旬，水利部再次安排考察南水北调西线工程，带队的是一位部领导。考察的起点在甘孜州德格县，终点在成都。部里的有关人员先到西藏考察雅鲁藏布江等河流，然后从西藏昌都赶赴德格。我们单位的技术人员负责南水北调西线一、二期工程区考察的技术支持，从成都方向赶到德格。

我15日下午从成都出发，途中在康定、甘孜各住了一个晚上，于17日中午赶到德格。这是我第一次前往德格，第一次经过新路海，第一次翻越雀儿山。路上的景色很迷人，特别是新路海一带。

▲ 新路海（2007年）

▲ 甘孜至马尼干戈途中（2007年）

　　新路海也称"玉龙拉措"，海拔4040m，紧邻川藏公路。据说新路海这个名字是当年川藏公路的筑路大军们给取的，原来叫玉龙拉措。新路海系雀儿山的冰川冰蚀、冰碛物阻塞河谷出口而形成的冰川湖，湖水最深处约75m，周围生态原始、完整。

　　晶莹的大型冰川从海拔5000m的雪盆直泻湖滨草原，极为壮观。湖泊周围有高原云杉、冷杉、柏树、杜鹃树和草甸，湖边随处可见大

▲ 雀儿山（2007年）

小不一而刻满经文的玛尼石。蓝天白云下，雪峰皑皑，冰川闪烁，波光粼粼，绿草茵茵，山花烂漫，似人间仙境。

德格县城在一个夹皮沟里，面积很小，但历史悠久，曾属林葱土司和德格土司的势力范围。德格土司从唐圣历二年（公元699年）便在这里传教，明末清初取代林葱土司，统治德格。1683～1775年，德格家族历经5代人、9代土司的发展，势力范围扩大到四川的德格、邓柯、石渠、白玉、同普5县和西藏贡觉、青海达日等县的部分地区，统治地域达到10余万km²。德格土司对历史的最大贡献可能要算他们建立的德格印经院。

另外，德格是格萨尔王的故乡，出生地就在德格县境内的阿须草原。林葱土司为格萨尔直系后裔。

下午参观德格印经院。德格印经院素有"世界藏文化大百科全书""雪山下的宝库"等盛名。印经院始建于1729年，距今已有280多年的历史。印经院之所以久负盛名，是因为它所收藏的藏族文化典籍

▲ 印经院珍存的刻板（2007年）

最广博、门类最齐全，刻版所用原材料的制作最考究等。另外，印经技艺也相当精湛，堪称"木版印刷工艺的活化石"。

经书用纸为当地特制，原材料是一种名叫"阿胶如交"（汉文学名为"瑞香狼毒"）的草本植物的根须，造出的纸张呈微黄色，质地较粗，也较厚，但是纤维柔性好，不易碎，吸水性强。同时因"阿胶如交"本身是一种藏药材，含轻微毒性，造出的纸还具有虫不蛀、鼠不咬、久藏不坏的特性。

印版原材料选用红桦木，坯版的加工很考究，需要多道工序。刻版工匠更是经过严格考核筛选出来的，不仅要求技法娴熟，而且要有较好的藏文绘画基础。为了保证刻深、刻准、刻好，规定每人每天只能刻一寸版面。

据说，为了保证印版的质量，工匠们领的工钱都是金粉，金粉的量由刻版上的文字所形成的凹槽的容积确定。每刻好一版，主子会把金粉倒入刻版上的凹槽里，然后用尺子抹平，留在凹槽里的金粉就

▲ 印经（2007年）

是工钱。坯版的厚度是固定的，如果字刻浅了，能装下的金粉自然要少，如果字刻透了，金粉会漏掉，同样不能得到。所以，深度要恰到好处，才能拿到最多的工钱。这真是个控制质量的好办法。

在印经院的楼上，有保存已久的刻版，看起来很精致。工人们印经的设备很原始，但他们都很虔诚，每印一张前都要相互点一下头，表示准备就绪。1996年国务院公布德格印经院为全国重点文物保护单位，我们去的那年正在申请世界文化遗产，我想肯定能够入选。

德格印经院建在半山坡边，前面是水声滔滔的清流，后面是郁郁葱葱的高山，感觉位置选的特别好。在德格停留的两天，总能看到祥云在其上方出现，与后面的高山和蓝天构成一幅祥瑞的画面。

德格县城地域狭窄，房舍基本沿溪流一字排开，晚上睡觉时能听到哗哗的流水声。到德格的第一个晚上我没有睡好，感觉有点感冒。第二天上午在宾馆休息，虽然吃了感冒药，症状并没有消失，头疼的还是很厉害，而且喘气也比较粗。这是到高原最忌讳的症状，心理压力自然很大。

下午到金沙江边迎接部里的考察人员，他们从西藏江达过来。我们早早地等候在金沙江大桥上，对岸就是西藏自治区地界。晚上感觉感冒的症状更加严重，只好到医院输了3瓶水。

十、阿须草原

8月19日，算是这次考察的第一天。早上8时从德格县城出发，没有走翻越雀儿山的317国道，而是从雀儿山西侧绕过，进入雅砻江流域，前往阿须草原。这不是我们原来计划的线路，是地方政府的建议。这样走海拔要低些，但路程要远些，路况也较差。特别是翻山路段，比较泥泞，也比较危险。原计划翻越雀儿山，走马尼干戈，由雅

▲ 迎宾马队（2007年）

砻江干流上行至坝址，然后再原路返回。我想当地政府之所以这样安排，是希望大家能看看阿须草原，更多地了解一下淹没影响。

绕过雀儿山后基本上沿着雅砻江的支流前行，草原和河谷的景色很美。中午时分，考察队进入阿须草原，老远就看到乡里的迎宾队伍。旌旗猎猎，人欢马叫，几十匹牧马迎面奔来。盛装的藏族青年策马扬鞭，吆喝声四起，场面甚是壮观。这里是格萨尔王的出生地，迎宾的方式可能要特殊些。

进入阿须乡，道路两旁摆放了很多点燃的柏树枝和净水，蓝烟袅袅。不少藏民站在路旁，老老少少，满脸的好奇。据说，柏枝熏烟、摆放净水、马队迎接这种规制是对活佛和高僧的礼遇，一般情况下不会使用。能理解县政府的一片苦心，这是我数次到青藏高原遇到的唯一一次，长见识。

阿须草原位于德格县的东北部，距德格县城约200km，草原总面积约8.5万hm²，海拔4000m左右，是个山清水秀、地势开阔、植被茂盛的地方。阿须草原是史诗英雄格萨尔王的故乡，他于1038年生于此地，在世81年，留下赫赫战功，也留下无数神奇的故事，流传至今的

《格萨尔王传》是世界上最长的史诗，约七百余部。

据说，格萨尔王幼年家贫，小时候曾在今天的阿须乡和打滚乡放牧。由于叔父离间，母子相依为命、长期漂泊在外，在今天的甘肃玛曲县一带长大。16岁那年，格萨尔赛马选王胜出并登基，娶珠牡为妻。格萨尔一生降妖伏魔，除暴安良，南征北战，统一了大小150多个部落，成为备受藏人尊重的一代英王。

雅砻江江边的草原上矗立着格萨尔王的铜像，他脚踩战马，身披战袍，一幅凯旋归来的英姿。大家在铜像前听了当地人员对格萨尔王的介绍，并合影留念。

▲ 格萨尔王（2007年）

中午在阿须乡用餐。草坝子上搭起彩色的帐篷，牛羊肉、酥油茶、水果等非常丰盛，主人热情好客，话题从格萨尔王的英雄事迹到南水北调西线工程，跨越时空，跨越地域，涵盖历史、自然、宗教、文化、经济等。英王怎么也不会想到他家乡那奔流不息的江水今日会

▲ 清香四溢（2007年）

成为宝贵的资源。

午饭后沿江而下，经浪多乡（与阿须乡相距约15km）、在三岔口（勒达）跨过雅砻江的支流，前往热巴坝址。阿须草原至热巴坝址这一段地势相对开阔，有比较多的连片农田。规划的库区范围内有8000多牧民、5座寺庙，淹没影响比较大，牧民安置、寺庙搬迁都是大问题，需要深入研究。

雅砻江干流是南水北调西线二期工程的水源地，规划阶段选择的调水坝址位于德格县中扎科乡的阿达，后因淹没影响等因素上移至德格县年古乡的热巴。热巴坝址控制流域面积26535km²，多年平均径流量约60亿m³，规划调水40亿m³。1992年，为开展南水北调西线工程研究，在热巴上游设置了温波专用水文站，至今已连续观测20多年，水量比较稳定。

过热巴坝址后夜幕降临，剩下的路程要在黑夜里赶，这是一件不安全的事。这条路我2004年曾走过一小段，土石路，很窄，一边是陡峭的山坡，另一边是激流滚滚的雅砻江，部分路段修在悬崖峭壁上，车子开起来要特别小心。

正值月初，车外一片漆黑，除了车队的车灯，几乎什么也看不到。兴奋了一天，不少人已经劳累，有些人可能在车辆缓慢的行驶中已经入睡。但我却一直提着神，紧盯着车前方的道路和前车的后灯，试图判断路况的变化和余下的路程。

到达甘孜已是夜间12时。领导们对这样的安排很不满意，并批评了有关同志，认为安全意识太淡薄。我很同意，这么大的队伍，深夜里在江边的山崖上赶路确有危险，一旦出事，后果不堪设想。

十一、老友相见

8月20日早上9时出发，行程为甘孜—东谷水文站—仁达坝址—洛若坝址—壤塘县城。

除仁达坝址要绕些路外，其他考察点基本上都在公路边。全程路况还可以，约下午7时到达壤塘县城。

上午考察的第一个点是东谷水文站。这是我第二次到这个水文站，值守人员还是那对夫妻，丈夫是汉族，妻子是藏族。一众人员涌入小院，显得有点拥挤和热闹，带队领导与值守的夫妻握手后问了些基本情况，并进行了慰问。篱笆后拴养着两只藏獒，看到这么多人站在跟前显得有点烦躁，不停地扑叫。

东谷水文站距达曲源头197km，集水面积3824km^2，多年平均径流量9.99亿m^3，规划调水6.5亿m^3。规划的阿安坝址在水文站上游约2km处，水量与东谷水文站相当。

看完水文站后前往泥曲的仁达坝址，中间要翻越奶龙山。这是我第二次翻越奶龙山，还有一点印象。垭口处有几棵柏树，长得很茂

▲ 奶龙山（2013年）

盛。树上挂满了经幡和哈达，树周边围拢着玛尼石，地上散落着不同颜色的龙达。地方陪同人员向大家介绍了奶龙神山在藏区的地位，尤其是山坡上碎石间那个栩栩如生的雄鸡图案。碎石围拢在一片青草地周围，界限分明，青草地构成的图案宛若一只雄鸡，惟妙惟肖。在人迹罕至的地方，自然天成，经年累月一成不变，确实神奇！当然，雄鸡图案只有在草绿的时候才能看到。

　　翻越奶龙山，下到泥曲河谷，沿着河流上行数千米便是仁达坝址。记得2003年查勘的是纪柯坝址，位置更靠下游些，可能后来上移了。坝址段河谷比较开阔，沿河的土路还算平整。河谷两岸的山岭不是太高，植被多为乔木、草原和草甸。河流的水量看上去并不大，也许与汊流和洲滩较多有关。

　　大家在坝址处听取了情况介绍，并询问了有关问题。仁达坝址控制流域面积4574km^2，坝址处多年平均水量11.7亿m^3，规划调水7.5亿m^3。坝址下游几千米处建有泥柯专用水文站，站址距河源255km，

▲ 泥曲仁达坝址（2007年）

集水面积与坝址处基本相当。

这条线路以前走过，感觉色达县县城的面貌与2003年相比变化很大，街道宽阔干净，接待能力大大提高。同样发生变化的还有上次那位给大家留下深刻印象的康巴汉子——格桑，他已经由县水利局局长提升为副县长。中午吃饭时大家相互认了出来，显得格外热情，我对他的进步表示祝贺。

午饭后顺路查勘洛若坝址。这是色曲上的一个坝址，位于色达县县城下游，坝址处多年平均水量4.2亿m³，计划调水2.5亿m³。对于这个坝址大家有看法，认为水量太小，"穷帮穷"，于心不忍。下一步方案论证时有可能不再考虑。

沿色曲下行至河口，跨越杜柯河便进入壤塘地界。阿坝州和壤塘县的领导已经在桥头等候，一天的行程基本结束。

晚上住壤塘。壤塘县县城的变化也不小，新建了一个宾馆，翻修了政府大楼，美化了街道和河边的活动广场。这是我第三次住壤塘，与当地的很多领导都熟悉，感觉很亲切。

2004年10月，为了更好地推动西线前期工作，我们单位曾经在郑州组织召开过一次情况通报会。四川、青海省水利厅的领导，玉树、果洛、甘孜、阿坝州及其辖属相关县的分管领导和水利部门的领导等40余人参加了会议。

这些年在青藏高原开展外业工作，得到了上述地区各级政府的大力支持，邀请他们到郑州来，除系统地介绍西线工程前期工作外，还要向他们宣传黄河治理开发的巨大成就，宣传黄河存在的问题，使他们也能够从全局的高度认识南水北调西线工程的重要性，以便更好地支持、配合工作。再一个目的就是让他们对中原的历史和文化有所了解。他们中的多数人都没有来过郑州，对于少林寺、龙门石窟、开封古城、小浪底工程和黄河应该是仰慕已久，看一看是大家的心愿。因此，除了会议，还安排了两天参观活动。

▲ 考察组合影（2007年）

▲ 杜柯河畔（2007年）

▲ 检查岩芯（2007年）

会议举办的很成功，大家对我们的这个动议反映很好。在青藏高原开展了几十年南水北调西线工程前期工作，这还是第一次把大家请到郑州共同交流西线工程前期工作，宣传黄河治理开发与管理现代化的成就。由于有了这次会议，我和当地的很多人都成了朋友，再见时感情自然深了许多。这次到壤塘县就能明显感受到。

在壤塘住了两个晚上。8月21日考察杜柯河上的水文站和珠安达坝址，下午查勘壤塘基地，并召开考察组会议。中午在上杜柯乡的草坝子上吃藏餐，情景与2004年考察时一样，蓝天白云，青山绿水，与大自然真正地亲密接触。

十二、横跨两省

8月22日，早上8时从壤塘出发，考察路线为壤塘—红军沟—班玛县城—霍纳坝址—年宝玉则—阿柯河—阿坝县城。又是比较紧张的一天，出四川再入四川，途中在青海的班玛县用午餐。

照例，青海省的同志在友谊桥迎接大家。以往友谊桥至班玛县县城的道路基本上都是最难走的，这次不同，新修的柏油路，等级还不低。公路好了，似乎心情也轻松了许多，有更多的时间专注于河谷两岸的生态和美景。这一段的玛柯河两岸森林资源曾经比较丰富，亚尔堂乡境内就有个国营林场，以伐木为主。现在的河谷两岸仍有森林，但以次生林为主。2004年查勘时曾在林场用过午餐，菌类很多，尤其是当地的羊肚菌，品质极好。

途中，在红军沟和专用水文站停留了一下，听听红军在这里的故事，了解一下水文站的观测情况，并慰问了值守人员。中午在县城旁边的坝子上用餐。

南水北调西线一、二期工程涉及青海省的县域只有班玛县一个，

▲ 玛柯河美丽的风景（2003年）

坝址也只有玛柯河上的霍纳坝址，但青海省的领导和同行总是很支持、很热情，省政府办公厅和省水利厅的领导总会从西宁远道赶来与大家汇合。这次也不例外。

午餐安排在县城东南面的一个草坝子上，蔚蓝的天空，洁白的云朵，彩色的帐篷，绿茵茵的草地，盛装的卓玛，热情的主人，一切都那么美好。

这是我第三次到班玛县，又见到了2003年、2004年接待我们的那位卓玛，还是那样美丽、那样淳朴，长了4岁，显得更加成熟。大家都相互认出来了，自然要照几张合影。

每次来这里大家都会邀请卓玛合影留念，这次我特意交代单位的随行人员，回去后把与卓玛的合影整理个相册寄给她，算是对她的感谢。几次到藏区，都遇到过大家争相与藏族姑娘合影的场景，感觉藏族姑娘们很大方也很友好，对于邀请基本都欣然接受。

▲ 青海同仁（2007年）

午饭后查看霍那坝址，就在县城上游8km处。原来初选的三个坝址如亚尔堂、扎洛等均在县城下游，最大的缺点是要淹没县城和一座重要寺庙、一个大型天葬场。移到上游主要是为了避开这些设施，当然线路方案、调水量也要做相应的调整。

霍纳坝址处径流量约11亿m³，规划调水7亿m³。专用水文站设在坝址下游9km处，控制流域面积4337km²，水量与坝址处接近。这条河流水量比较丰沛，县城下游有几条较大的支流汇入，水量补给较快，调水对下游河段的影响很有限，地方政府对调水一直持支持态度。

看完霍纳坝址，沿河而上，翻越长江与黄河的分水岭进入久治县。我还是第一次走这条线路，沿途基本上都是牧业，植被以草原、草甸为主。大家在年宝玉则国家地质公园（末次冰期冰蚀形成的洼地）逗留了一会儿，再次远距离眺望了年宝玉则那神秘的身姿。

▲ 年宝玉则（2007年）

　　年宝玉则位于青海省果洛藏族自治州久治县境内，又称"果洛山"，相传是果洛诸部落的发祥地，川甘青交界地带著名的神山。山岭长约40km，宽约25km，由众多海拔4000m以上的山峰组成，主峰海拔5369m，是巴颜喀拉山的最高峰。山的另一侧是四川阿坝县，2003年查勘阿柯河克柯坝址时曾从阿坝一侧目睹过其主峰，两边地形差别较大。在久治县一侧看到是犬牙交错的山峰，山前地势开阔，有众多冰雪融水形成的湖泊，而在阿坝县阿柯河看到的则是突兀的主峰，遥远而神秘。

　　离开年宝玉则国家地质公园后，过久治县县城，再次翻越黄河与长江的分水岭，进入阿柯河流域。这条河我之前查勘过两次，情况比较熟悉。由于时间关系，大家并没有前往坝址处，只在阿坝县城附近考察了一下河道，了解一下基本情况。晚上住阿坝。

十三、圆满收官

　　8月23日，现场考察的最后一天，行程为阿坝—贾曲—唐克—若尔盖—川主寺。

　　早上8时离开阿坝，经麦尔玛乡、翻越长江与黄河的分水岭巴颜喀拉山进入贾曲。贾曲是黄河的支流，多年平均径流量约8亿m³。早期的调水方案要通过明渠走贾曲，考虑到工程地质条件和环境影响等问题，方案已改为隧洞，调水不再直接进入贾曲。之前的两次考察都到过贾曲，已做过介绍，不再赘述。

　　从贾曲返回后，走红原县前往唐克。唐克是黄河岸边的一个乡，属若尔盖县。九曲黄河在这里由东南方向转向西北方向，拐了个"U"型湾，号称"黄河第一湾"。黄河支流白河在转弯处汇入。站在黄河边的高地上，看到的景象很壮阔。河曲蜿蜒、水流平缓、河滩宽阔、植被茂盛、远山衔草原、飞鸟翔云底、经幡凝思绪、大河载世川！美哉！壮哉！

　　中午在唐克乡政府所在地用餐。虽然是个乡，在旅游业的带动下显得颇具规模，盛夏季节，南来北往的游客不少。

　　午饭后前往川主寺，途径花湖、若尔盖县城。花湖是若尔盖草原上的一个天然海子，海拔3468m，核心区面积约7km²，通过达水曲与黑河相连。花湖最美的季节当是7月，绿草茵茵，繁花似锦，碧波荡漾。时值8月下旬，草原上已有早秋的气象，花簇不在，湖边茂盛的水草已微微泛黄，但仍然很美。湖面上有很多水鸟，或觅食，或翱翔，享受着夏末的温暖阳光和湖水中味美的鱼虾，全然不顾游客们的存在。湖边修有悬空的木头栈道，既保护了生态，也与人方便。花湖应该算是若尔盖草原上众多美丽景点中的精华之一，估计夏季到这里观光旅游的人不少。

▲ 花湖（2007年）

　　若尔盖草原是我国三大湿地之一，素有"川西北高原的绿洲"之称，行政区域涉及四川、青海、甘肃三省八县，总面积约5.3万km²，沼泽面积占全区面积的20%多，平均海拔约3500m。区内流入黄河的河流有贾曲、白河和黑河，是黄河上游最重要的水源涵养地和生态功能区之一。其中，白河和黑河多年平均径流量为22.8亿m³和25.2亿m³，合计约占黄河年均水量的8.3%，水量稳定，水质好。

　　若尔盖县城藏族风格浓厚，周边草原广阔，黑河及其支流热曲逶迤而过，景色很美。这段线路我还是第一次走，是若尔盖草原的腹地，当年红军爬雪山、过草地所经过的草地就指这里，途中还看到巴西会议遗址的指示牌，由于离开公路还有一段距离，没有安排参观。

　　国道213是连通若尔盖县和川主寺的主要道路，也是连通四川阿坝和甘肃甘南藏族自治州的干线。公路正在扩建，但基本贯通，比较好走。晚上住川主寺。

　　8月24日，从川主寺九黄机场飞成都。由于天气原因，航班从上午9时推迟到下午2时，大家在机场等候了将近6个小时。到达成都后，考察组进行了一个简单的小结。整个考察顺利结束。

这次考察，我和最大的领导同乘一辆越野车，路上聊了不少关于南水北调西线工程的事情。感觉到他对西线工程很期待、很支持、很重视，认为西线工程的研究工作还需要进一步加强、深化。

调出区研究的重点是水库淹没问题和生态环境问题。水库淹没的难点是藏族牧民的安置以及宗教设施的处理。这些都是新课题，过去研究的不多，经验几乎没有。同时，民族和宗教问题又很敏感、很复杂，需要深入研究，慎重考虑。

环境问题主要体现在坝下游，尤其是近坝段或者说水量恢复到60%以前的河段，这是大家关注的焦点。而大渡河与雅砻江支流的情况还有差异。因此，对生态问题，既要有宏观的把握，也要有微观的考虑，不能简单笼统地处理。

▲ 签名留念（2007年）

关于受水区，目前的认识也不一致，不同人士提出了很多方案，有必要好好梳理一下，找出各种措施以及可能解决问题的途径之间的逻辑关系。

本次考察收获颇丰，主要体现在看待问题的思路更加开阔，这对下一步的工作肯定有帮助。

这是三次考察南水北调西线工程区留下的直观印象。我很喜欢青藏高原，也企盼着南水北调西线工程能够尽快上马，希望今生能够看到长江的滚滚清流翻越崇山峻岭进入黄河，缓解黄河流域上中游地区的水资源紧缺问题，促进黄河流域生态向好，西北地区经社会健康发展！

十四、不忘初心，砥砺前行

西线调水缘于西北地区的干旱，缘于西北地区的重要战略地位，缘于中华民族伟大复兴的强国梦。

68年来，外业勘探人员的足迹遍布青藏高原的江河源头，从怒江到澜沧江，从金沙江到雅砻江，从大渡河到白龙江，峡谷河流中闪动着外业勘探队员的身影，雪山草地上飘扬着外业勘探队伍的旗帜。

据不完全统计，已有上万人次为西线调水工作上过青藏高原，通过艰辛劳动获取了丰富的地形、地质、地震、气象、水文、自然环境、经济、社会等资料。考察的范围约115万km^2，考察的引水线路640条、引水坝址415个，调查的大型建筑物地点1240处，各种比例尺地形测量10.5万km^2，各种比例尺地质调查18万km^2，建立了6个专用水文站，最长观测时间达29年，实地勘测和调查搜集的基础数据2000多万组，完成各类报告1100多份。这是南水北调西线调水工作者用汗水和鲜血甚至生命取得的宝贵资料，为西线工程建设打下了

▲ 西线查勘

坚实的基础。如果1952年研究西线调水还是未雨绸缪，那么现在就显得非常迫切。

第一，黄河是中华文明之源，水对社会经济发展和生态文明建设至关重要，但水资源短缺已成为严重制约。20世纪50年代，黄河流域内外年均耗用黄河水量122亿m³，到了90年代，年均耗用黄河水量已达307亿m³，水资源供需矛盾日益凸显，下游断流频繁发生。黄河以占全国2%的水资源量，承载了全国15%的耕地面积和12%的人口，贡献了全国14%的GDP，流域水资源开发利用率已超过80%。水资源禀赋先天不足、经济社会进一步发展、生态文明建设等，都需要黄河流域采取节流开源并举的水资源管理策略。

第二，黄河流域缺水主要缺在西北地区，南水北调西线具有不可替代的区位优势。1987年国务院批复的黄河可供水量分配方案共分配水量370亿m³，其中青、甘、宁、蒙、山、陕六省区分水224.2亿m³，

▲ 出征

豫、鲁、冀、津分水145.4亿m³。尽管黄河流域缺水带有普遍性，但缺水最为严重的还是西北地区。南水北调中东线建成通水对豫、鲁、冀、津的缺水形势有所改善，但西北地区目前还没有增水途径，水资源供需矛盾更为突出。

第三，西北地区为欠发达地区，发展潜力巨大，对水资源的需求旺盛。黄河上中游地区矿产资源尤其是能源资源十分丰富，开发潜力巨大，在全国能源和原材料供应方面占有十分重要的地位。全国主体功能区规划有兰州—西宁、关中—天水、呼包鄂榆、宁夏沿黄经济区等，面临提质增效的机遇与挑战。这些都离不开水资源的基础支撑。

第四，黄河上游地区是华北地区的重要生态屏障，生态保护任重道远。黄河作为我国北方地区的生态"廊道"，具有十分重要的地位和作用。黄河源区是重要的水源涵养区，被誉为"中华水塔"。黄河中游横贯生态脆弱的黄土高原地区，周边有巴丹吉林沙漠、腾格里沙

▲ 专题研讨

漠、乌兰布和沙漠、库布齐沙漠、毛乌素沙地，是我国防风固沙、水土保持的关键区域，是华北地区的重要生态屏障，区域生态状况直接关系到我国中长期生态环境演变格局。而维护良好的生态离不开水资源的有效支撑。

雄关漫道真如铁，而今迈步从头越。西线前期工作已走过68年，积累了大量基础资料，研究了众多引调水方案，铸就了"特别能吃苦、特别能奉献、特别能战斗"西线精神，但西线通水的梦想还没有实现，前进的步伐不能停止。我们要按照习近平总书记提出的"节水优先、空间均衡、系统治理、两手发力"的治水思路和"确有必要、生态安全、可以持续"的重大工程论证原则，不忘初心，砥砺前进，为完全实现我国水资源"四横三纵"总体格局的完美构建而努力奋斗！为让黄河成为造福人民的幸福河而努力奋斗！

后 记

我1983年从武汉水利电力学院毕业，分配到黄河水利委员会水利科学研究所。1986年出国深造，获得硕士、博士学位，1994年又回到黄河水利委员会水利科学研究院。此后，我就再也没有离开过黄委、黄河。从事黄河治理工作三十多年，亲身经历了时代的变迁、治黄事业的蓬勃发展、母亲河的快乐与痛苦，对滋养、哺育我们这个伟大民族的母亲河的认识越来越深、感情越来越厚、忧虑也越来越多。

参加工作时，中国共产党领导的人民治黄事业已经走过了37个春秋，取得了防御1958年、1982年等大洪水的胜利，农田灌溉面积由中华人民共和国成立初期的1000余万亩发展到1亿多亩，黄河上游水电开发初具规模，工业和城市用水显著增加。当时认为：黄河的最大问题是洪水威胁，第一要务是确保黄河下游安澜、确保黄淮海平原安澜。黄河治理工作的重点集中在下游防洪和中游防水土流失。经过几十年的探索，对水沙规律的认识不断深化，逐步形成了"上拦下排、两岸分滞"处理洪水的方略和"拦、用、调、排"处理泥沙的思路。

1972年，黄河下游首次发生断流，敲响了流域水资源短缺的警钟，加强水资源管理进入议事日程。1987年9月，国务院批准了黄河可供水量分配方案，标志着人们对黄河水资源短缺问题已有较为深刻的共识。1972年至1998年的27年间，黄河下游利津站有21年发生断流，其中1997年利津站断流226天，断流河段最长达704km，逼近开封。持续断流引起党中央高度重视、国内外广泛关注。同期，由于国民经济高速发展，年平均入河污染物总量由20世纪80年代的20亿t猛增到90年代的40亿t，河道水量不断减少，污染物急剧增加，母亲河已不堪重负，变得孱弱、多病。面对断流问题，海内外迅速发起"拯救母亲河行动"，163位院士签名呼吁拯救黄河。

1999年，国务院授权黄委对全河水量实行统一调度，之后，黄委利用上游龙羊峡等水库以及刚刚下闸蓄水的小浪底水库，实施跨年度水量调度，确保了黄河下游1999年至今没有断流。进入21世纪，黄河迎来了一个丰水期，加之工程、技术、调度、法律等支撑作用的强化，虽然污染物总量仍维持在40亿t，但干流水质显著改善，满足I~Ⅲ类水质河长的比例由2000年的54.7%上升到2015年的99.1%。近10年，黄河流域生态环境逐步向好，母亲河由"重症"转为亚健康。但这种向好还很脆弱，一旦遭遇连续干旱年份，20世纪90年代的悲伤局面还有可能发生。

我1994年回国后经历了这段历史，这也是为什么我会对母亲河的认识越来越深、感情越来越厚、忧虑也越来越多的原因。

2003年以来，我随各路考察队伍，走进中游黄土高原，走进黄河源头区，走进南水北调西线工程调水区，其目的只有一个——寻找给母亲河疗伤的灵丹妙药。近20年亲身经历了许多，有时对前景充满信心和希望，有时又觉得征程坎坷、希望遥远。

2019年9月18日，一个伟大的金秋丽日，习近平总书记在郑州主持召开黄河流域生态保护和高质量发展座谈会并发表重要讲话，把"黄河流域生态保护和高质量发展"上升为重大国家战略。总书记指出，黄河是中华民族的母亲河，黄河流域构成我国重要的生态屏障，黄河流域是我国重要的经济地带，黄河流域是打赢脱贫攻坚战的重要区域，黄河流域在我国经济社会发展和生态安全方面具有十分重要的地位，保护黄河是事关中华民族伟大复兴的千秋大计。总书记强调，治理黄河重在保护、要在治理，要共同抓好大保护、协同推进大治理，让黄河成为造福人民的幸福河！

郑州座谈会是一次具有划时代意义的会议，吹响了黄河流域生态保护和高质量发展的号角。作为黄河人，我与大家一样激动兴奋，同时更感到使命光荣、责任重大。总书记发表"9·18"重要讲话之后，全国都在贯彻落实，尤其是水利部门和沿黄各省区，黄委更是抓紧编写了相关规划，提出要：完善防洪减灾体系，保障黄河长久安澜；完善水资源节约集约利用体系，提高供水保障能力；完善水生态环境保护与修复体系，打造健康水生态宜居水环境；完善水土流失综合防治体系，筑牢生态安全屏障；创新流域水利协同管理的体制机制，全面提升流域管理能力；完善黄河保护治理体系，让黄河成为造福人民的幸福河！

工作之余，我又想起了黄河源头区和南水北调西线调水区的考察见闻和思考，觉得收入《水缘》一书中的相关章节应该成为"走进黄河"系列的一部分，进行丰富完善单独成书，与大家分享。因此，才有这本《情为水长》。

作　者

2021年春